# 木曽川は語る

## 川と人の関係史

木曽川文化研究会

風媒社

# はじめに

古来、木曽三川流域の人びとは水辺に生活の場を求めた。川と人との関わりは、川の上・中・下流域、あるいは三川の流域ごとによっても異なるが、文化や風土は川に沿って、あるいは山や峠を越えて、育まれていった。また、この三川は私たちに必要な生活用水や灌漑用水、さらに電力の恵みを与えてくれる半面、尊い人命や財産を奪い去る水害を何度も引き起こしてきた。とくに、岐阜県南西部から愛知県北西部に広がる広大な濃尾平野の歴史は、水とのたたかいの歴史といっても過言ではない。先人たちの血と汗の努力と英知の結晶が今日の流域の生活様式をかたちづくってきたといえる。

この木曽三川で一番広大な面積を占めているのが木曽川である。木曽川は、小川のような最上流域から川幅一キロもの大河となる河口付近まで、変化に富んだ流域の風景を生み出し、人びとの目を楽しませてくれる。

長野県楢川村奈良井宿と木祖村薮原宿を結ぶ鳥居峠を越えると、まだ大河に育っていない木曽川が中山道に沿って現れる。木曽義仲ゆかりの日義村、山村代官屋敷跡の木曽福島、芭蕉で有名な木曽の桟《かけはし》、さらに浦島伝説の寝覚の床と、興味が尽きない景勝地を流れ過ぎつつ、木曽川は徐々に水量を増していく。そして、満々と水を湛えたダム湖を過ぎるたびに、川幅は広がり、徐々に大河の様相を呈してくる。「日本ライン」の奇岩を流れ下ると、ようやく木曽川は両岸に迫っていた山肌から解き放たれ、広大な濃尾平野に流れでるのである。

今回私たちは、木曽川の上流から下流を巡り、木曽川と人びととの関わりの観点からこの本をまとめてみた。これまでも木曽三川に関する本は、河川工学に重点を置いた専門書や地域の歴史を取り上げたものが多数出版されている。しかしこのなかには、地域の川と人びととの関わり方や川を取り巻く環境にはその土地に固有のものがあるのにもかかわらず、それを無視しているものもある。

私たちはまず、木曽谷支配の歴史を振り返り、木曽木材と川、渡船から橋への変遷、人びとと川とのたたかい、電力開発など、人びとの暮らしに少なくない影響を与えつづけた木曽川の姿を浮かび上がらせた。さらに、地域に眠っている資料の掘り起こしに努め、これまであまり人に知られていない事柄についても光をあてた。

「木曽川文化研究会」は、「川と人びととの関わり」に興味をもつ大学の工学部、情報学部、農学部の教員、元財団職員、小学校の教諭、町役場職員、さらに主婦の七人で、七年前に発足した。それ以来、多くの古老から、歴史に埋もれ名前さえ不明な先人が川とどのように関わってきたか話し合い、文献などで史実を調べてきた。

この本は、これまでの成果の一部を取りまとめたものである。読者が自分の住んでいる地域や川に愛着を抱き、将来、川と自分との関わり方を考える契機になってくれれば、望外の幸せである。

木曽川は語る——川と人の関係史

# 目次

## 第8景 電力開発と木曽川の水資源 181

# 第1景

# 木曽川のいまむかし

# 1 「木曽」の起源

## 豊富な山林資源

木曽川、長良川、揖斐川の三つの川は、木曽三川《さんせん》と呼び習わされている。この木曽三川は長野、岐阜、愛知、三重、滋賀の五県にまたがり、その流域面積は三川を合わせて九一〇〇平方キロで、わが国第五番目である。そのうち木曽川の流域面積は約六〇パーセント（東京都の約二・五倍の面積）を占め、長良川の約二・七倍、揖斐川の約二・九倍もの広大な面積である。また、山地面積は九三・二パーセントであり、長良・揖斐川の七五パーセント前後に比べて、平地がきわめて少ない。

これら三川の源流はそれぞれ異なるが、源流部から流れ下った三川は、濃尾平野の南西部に集まり、ほぼ平行して伊勢湾に注いでいる。そのため、昔から流域の人びとはこれら三つの川を一本の川と考え「木曽三川」と呼んで親しんできたのである。

木曽川は、その源を飛騨山脈（通称北アルプス）に連なる長野県木曽郡木祖《きそ》村の鉢盛山《はちもりやま》（標高二四四六m）に発している。

古来木曽谷として名高い中山道に沿って南南西に流れ、数次の曲折を経ながら岐阜県に入って西南に方向を変え、途中、王滝川・落合川・阿木川など幾多の支川を合流して豊かな水量となり、愛知県犬山市で扇頂にいたる。この地から大河の様相となり、左岸に濃尾平野を形成して流れ、河口近くで背割堤によって長良川と併流しつつ

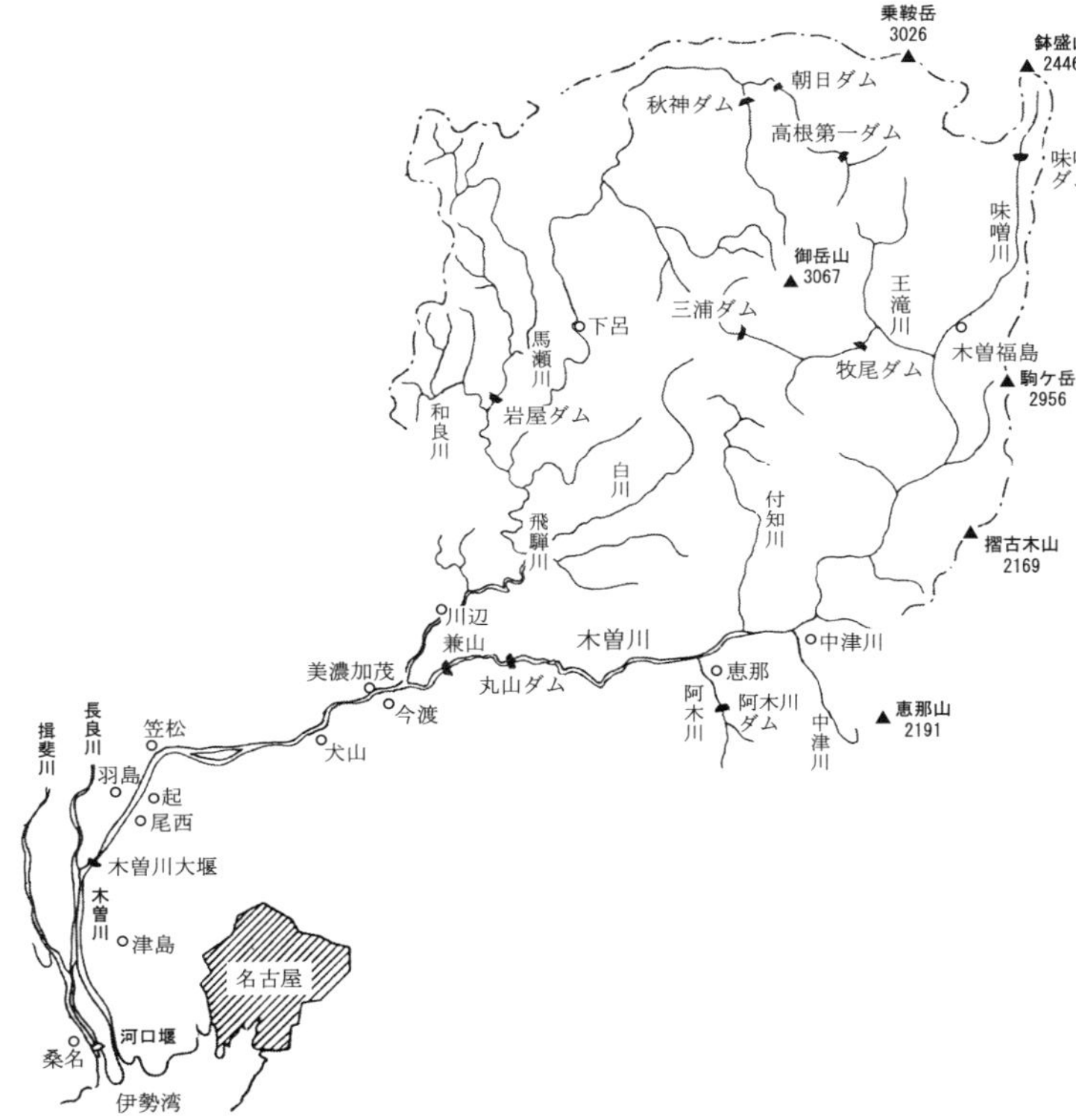


**木曽川の流域概略図（『木曽三川——その流域と河川技術』から一部抜粋）**

伊勢湾に注ぐ幹線流路延長二二七一メートルの大河川である。

一方、飛騨川は飛騨山脈の南部乗鞍岳（標高三〇二六ｍ）に発し、飛騨山地を西に流れ久々野《くぐの》で方向を変えて南下し、秋神川・小坂川・馬瀬川・白川など幾多の支川を合わせて美濃加茂市川合町で木曽川に合流する木曽川第一の支川である。

木曽川の東側は、木曽山脈（中央アルプス）の最高峰・木曽駒ヶ岳（標高二九五六ｍ）をはじめ、森林限界である二四〇〇〜二五〇〇メートルを越す高峰が連なっている。この山並みの南部は大平峠（標高一三五八ｍ）の鞍部を経て恵那山（標高二一九〇ｍ）となって終わり、三河山地へとつづく。

木曽川は、この木曽山脈寄りを流

れるため、左支川はいずれも急勾配で流路が短く、この地形条件が、とくに木曽川左岸域で土石流を頻発させる要因のひとつになっている。

一九九七年現在の木曽郡の全面積約一六八九平方キロのうちで、国有林の面積は林野が占める八九パーセントの六割にあたる約九〇〇平方キロと、膨大な面積であり、このうち高級な天然檜が占める面積は約四〇〇平方キロである。

このように、木曽川が濃尾平野に流れ出るまでには、豊富な山林資源に恵まれた山々に囲まれていることがわかるだろう。時の支配者は豊かな流れと豊富な山林資源に目を付け、木曽谷を手中にすることを熱望してきたのである。

## 「木曽」の名前の由来

木曽川は、むかし木曽福島町（川合渡）から上流では荻曽川《おぎそがわ》、下流を木曽川と呼び、犬山から下流になると鵜沼川《うぬまがわ》、広野川と呼ばれ、のちに墨俣川《すのまたがわ》とも呼んでいた。

では、「キソ」の文字がいつごろから使われたのだろうか。歴史書などから調べてみた。

①七九七（延暦一六）年に完成した『続日本紀《しょくにほんぎ》』には、「岐蘇・危村・吉蘇」

②九〇一（延喜元）年に完成した『日本三代実録』には「吉蘇」

③鎌倉時代（一一八五～一三三三）の『東鑑《あずまかがみ》（吾妻鏡）』には「吉祖」

④鎌倉時代の軍記物語『平家物語』と鎌倉中期から後期の軍記物語『源平盛衰記』には「信濃国安曇郡《あずみぐん》に木曽という山里あり」とある。ここで初めて「木曽」と記述されている。

一方、語源説について調べてみると、以下のような説があるようだ。

①木曽の「き」は純粋の意味の「生」、「そ」は麻の一種の苧《からむし》の古語で、この地方の人びとが大麻や苧を植えて生苧《きそ》をつくり、布を織ったという原料説。

②『木曽古道記』に、「木曽は地に麻を産するをもって名づけたるらん」と記されている産地説。

③この地方の人びとが年中、麻布を着ていたので、着麻《きそ》と呼んだ着衣説。

④日本地名語源辞典によると、「刻《きざ》む」の転化で、「深く刻まれた渓谷の意味の地名」と考えられるという地形説。

⑤徳川林政史研究所の木曽林政史には、興味あるアイヌ語説が載っている。徳川義親はアイヌ語学者ジョン＝バチェラー（John Batchelor）の説として、『キ』は『明るい、澄み切った、美しい』を意味するから、『光り輝く礫《れき》、美しく清んだ水』を意味しており、『ソ』は『川底』を意味する。したがって、『キソ』は『急流で河床が礫で一面に敷き詰められた美しい川』を意味する」と、紹介している。遠い昔に先住民の残した地名が、のちにこの地域に入り込んできた人びとによって踏襲《とうしゅう》されたと、徳川は述べている。

木曽川源流の碑

さらに徳川は、平安時代の歴史書『三代実録』の八七九（元慶三）年九月の記録より、最初に存在した吉蘇村は美濃国の絵上郷《えのかみのごう》内の一村（現木曽郡日義村宮ノ越付近）であり、先住民と後を追う移住民との関係から、徐々に木曽谷の奥に「キソ」が広がっていったと述べている。

先ほど述べた鎌倉時代の『源平盛衰記』には、「木曽」は「行程三日の深山なり」と記されている。この時代の整備されていない道を、旅人が一日にどれだけ歩けたか不明だが、一日に二〇キロ歩くと仮定すると、「行程三日」とはおよそ六〇キロということになり、中津川から宮ノ越までの距離に相当する。つまり、美濃の平野部からみた「木曽村」は、徳川の述べる宮ノ越付近だと考えられるだろう。

「きそ」の語源は、大別すると「麻」説と「渓谷の岩石の特徴」説とに分かれているが、「渓谷の岩石の特徴」説のアイヌ語説が、説得力が強いように思われる。

# 2 ― 中山道 ―

木曽路《きそじ》の起源は東山道《とうさんどう》である。東山道は天武朝（六七二～六八六）の末年ごろに各地の国府を結ぶ官道として成立した。八世紀はじめには、美濃から信濃へ通じる東山道では、最大の難所・神坂峠《みさかとうげ》（現長野県下伊那郡阿智村）越えのルートとは別に、木曽川上流部を通る木曽路が開かれ、以後、両ルートが使用されてきた。

中山道の宿駅は東山道にもとづき、関が原の戦いが終わった一六〇一（慶長六）年に、五街道のひとつとして新たに設置され、木曽を通るので「木曽街道」とも呼ばれていた。各宿駅には既存集落を基にしたものが多いが、大湫《おおくて》（岐阜県瑞浪市大湫）、細久手（瑞浪市日吉町細久手）、河渡《ごうど》（瑞穂市河渡）、美江寺（瑞穂市美江寺）のように必要に迫られて計画的に新設されたものもある。

**中山道の行程と木曽路の不思議**

一七一六（享保元）年以前の中山道は、日本国土の中間の山道という意味で「中仙道」と記されていたが、この年以降、徳川幕府は中仙道を中山道と、名称を統一した。

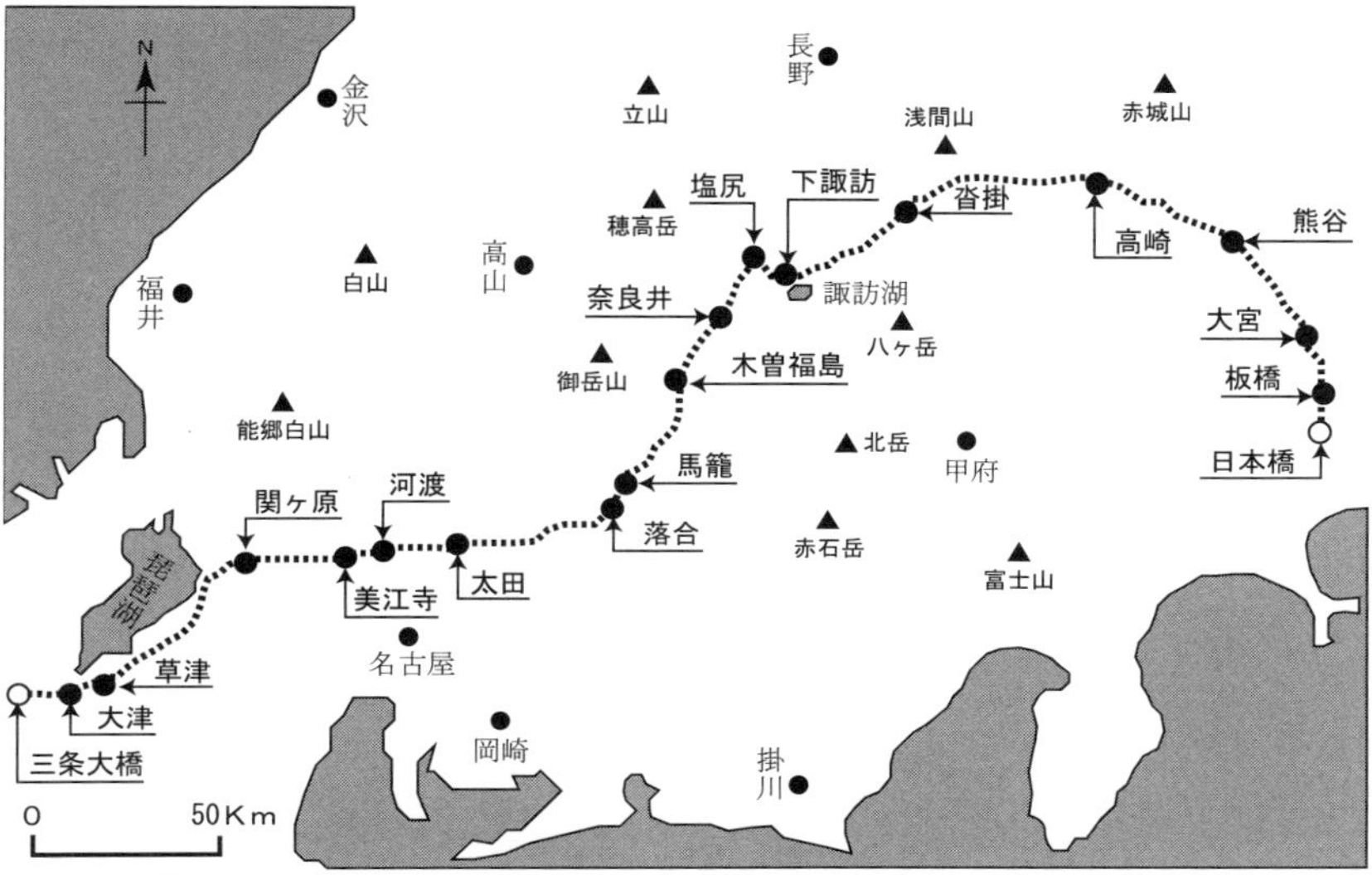

中山道の道筋

中山道六十九次は、日本橋を出発して板橋宿（一宿）から草津宿（六八宿）で東海道に合流後の大津宿（六九宿）までの六九次で、京都三条大橋に至る約五一八キロである。

行程は、板橋宿から下諏訪宿を経て、塩尻宿から贄川《にえかわ》宿（三三宿）に向かう。木曽路は、奈良井川沿いの贄川宿から奈良井宿に入り、鳥居峠を越えて木曽川沿いの木曽福島宿、妻籠宿を通り馬籠宿（四三宿）までの一一宿区間である。

いま述べたように、木曽路は贄川宿から馬籠宿までの一一宿区間だが、なぜか日本海側の分水嶺《ぶんすいれい》・鳥居峠を越えた信濃川最上流部の奈良井川段丘上の宿場・奈良井宿と贄川宿が木曽路に加わっている。八七九年の『三大実録』は、美濃と信濃の境界争いについて、「七一三年に開かれた鳥居峠が美濃と信濃の境界である」と、述べている。しかし、贄川宿から約四キロ北の奈良井川に合流する桜沢に架かる桜沢橋は「境《さかい》橋」とも呼ばれ、桜沢橋に江戸時代に建てた「此《こ》れより南　木曽路」の碑が残っている。

沿道住民の所属問題で紛争が起きたが、不自然な境界が定着し、そのまま長い歴史の月日を経て、信濃の国に属すはずの贄川が木曽路の入り口になったのである。ちなみに、

木曽路の碑

馬籠新茶屋の一里塚付近に、「此れより北　木曽路」の碑が島崎藤村の筆で建っている。

馬籠宿を通り、十曲峠《じっきょく》を越えて急な坂を下ると、前面に開けた平地の中に落合宿が現れる。この宿からが美濃一六宿（現岐阜県関ヶ原町の今須宿まで）の始まりである。

各宿場は戦場の宿営を基本に考え、宿場入り口（見付）から本陣や脇本陣のある宿の中心部が見渡せないように、曲がった道づくり（桝形《ますがた》）で外敵の侵入から宿場を防ぎ、また本陣の裏手には万一の場合を考え、必ず神社や寺などの待避所が設けられた。

なお、本陣は大名宿と呼ばれ、大名や公家などの身分の高い人を泊める宿で、脇本陣は本陣が差し支えて大名などが泊まれないときに使用するところである。

**お姫様が通った街道**

東海道とともに江戸と京都を結ぶ重要幹線であった中山道は、東海道のように川止めの多い大井川の渡し、あるいは潮待ちや天候待ちが多くまた水難の恐れもあった七里の渡しなどがなく、比較的安全であった。また東海道には、浜名湖の今切りの渡しの「きれる」、奥津と油井の間の薩垂《さった》峠の「去った」などと、婚礼に不吉な名前がついていて、多くの女性の道中には、中山道が選ばれたともいう。

朝廷（公）と幕府（武）の両者が融和・協力して治世にあたるという公武合体政策で、孝明《こうめい》天皇（一八三一～一八六六）の一六歳の妹・和宮《かずのみや》（名は親子《ちかこ》、一八四六〜一八七七）が一四代将軍徳川家茂《いえもち》（一八四六〜一八六六）に嫁ぐことになり、「惜しまじな　君と民との為ならば　身は武蔵野の　露と消ゆとも」と詠《うた》い、一八六一（文久元）年一〇月に京都を出発、この中山道を通り江戸に向かった。

和宮は、木曽路に入る直前の妻籠宿で休憩した際、これから先の急峻な木曽路の行程を考えてか、脇本陣林家に台車付き長持を与えている。幕府の威信をかけた和宮の豪華絢爛な行列も、木曽路を通るには台車付きの長持さえも運搬が困難だったのだろう。

再現して試食

意外に質素？皇女和宮の夕食

宿泊地・中津川

江戸時代末期に、中津川宿（岐阜県中津川市）に宿泊した皇女和宮（一八四六―七七年）の食べた夕食を再現した試食会が二十二日夜、同市内の旅館で開かれた。

和宮は一八六一（文久元）年十月二十日、徳川十四代将軍家茂に嫁入りするため、江戸に向かって京都を出発。中山道の中津川宿には同月二十九日に宿泊した。

試食会は、中山道の宿駅制度制定四百年を記念し、同市観光協会が企画。魚問屋をしていた先祖を持つ大津市の会社員方に残されていた献立帳を調べて再現した。

食事は川マスのなますやタイのとろろ昆布巻き、スズキの焼き魚など二汁三菜。調理を担当した吉田信助さん(50)は「凍らせたこんにゃくなど現在では使われない食材に工夫を要した。質素にも感じるが、当時十五歳の少女が輿（こし）で移動していたことを考えれば妥当なのかもしれない」と話していた。

試食会には、来月二―四日に同市内で開かれる「中山道中津川菓子まつり」の和宮行列で、和宮役を務める同市落合中学校三年、小栗めぐみさんも参加し、珍しい食事に舌鼓を打った。

皇女和宮の夕食と和宮役を務める小栗さん＝22日、岐阜県中津川市駒場で

和宮の夕食再現の記事（「中日新聞」2002 年 10 月 23 日）

# 3　移動する河道

## 大地震と洪水

木曽川の河道は、犬山の扇頂部に流れ出るまではほとんど古代から現在まで変化していない。

峡谷部を出て犬山から下流の扇状地に流れ出た木曽川の本流は、七六九（神護景雲三）年の大洪水と一五八六（天

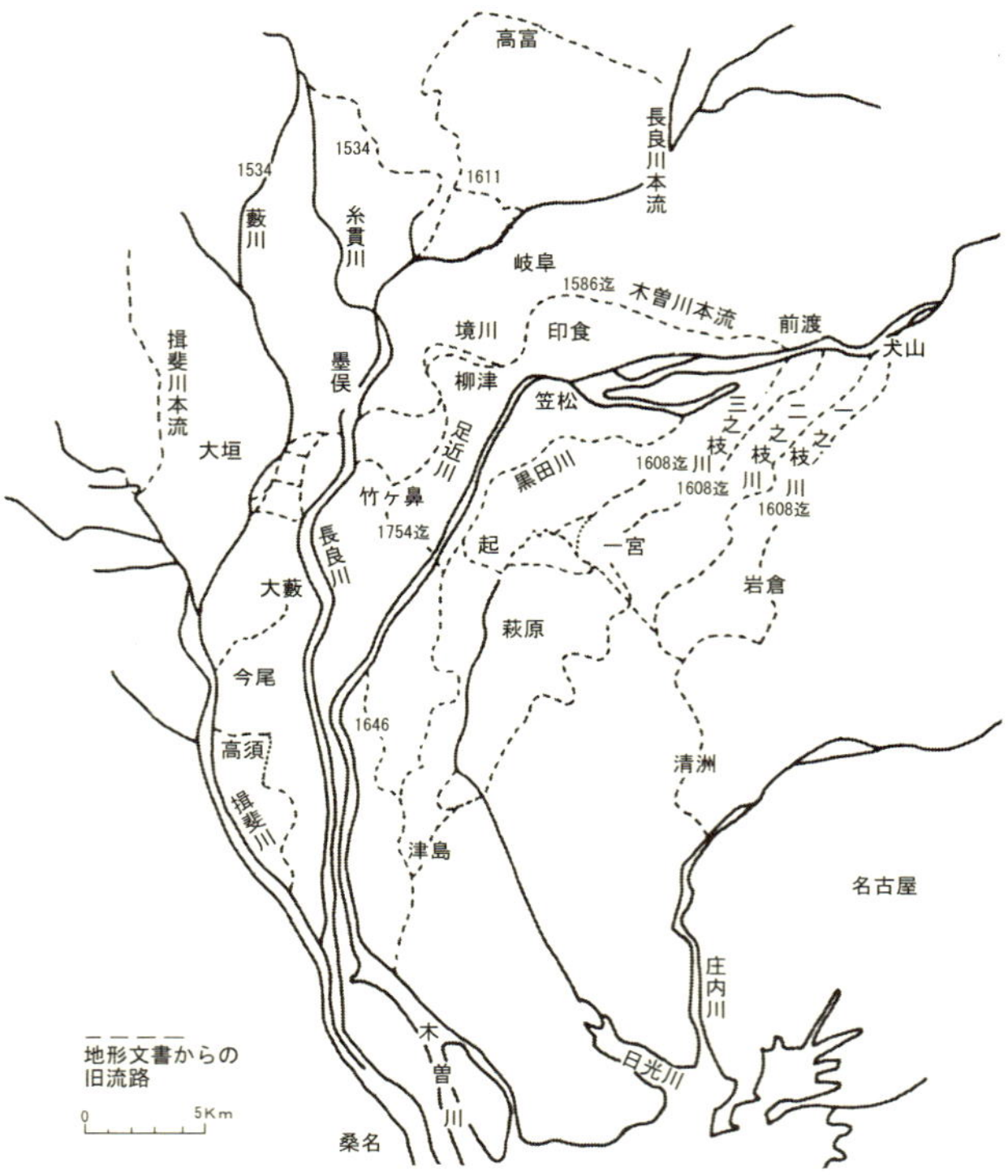


木曽三川の河道の変動（『木曽三川――その流域と河川技術』に加筆）

正一四）年の洪水で、大きく二回ほど流路を変えている。「河道の移動」とはいうものの、昔の河道には現在のような堤防があるはずもなく、流れやすいところへ水が集中した。網目状になった一番太い流路を、本川としていたのである。

木曽川は『続日本紀』に「鵜沼川」と最初に記され、同年に、尾張と美濃の国境《くにさかい》であった「鵜沼川」が下流の現稲沢付近へ河道を移動した、と記述されている。

一五八六年以前に稲沢から上流側の現岐阜市付近を流れていた旧木曽川本流は、現愛岐大橋上流側の各務原市前渡町あたりから西方へ進み、岐阜市と岐南町との境界に沿って大きく蛇行して、いまの長良大橋下流七〇〇メートルほどのところで長良川に合流していた。この旧木曽川は、尾張と美濃の国境を意味する「境川《さかいがわ》」と呼ばれていた。一方、犬山からの本流左岸側には、「木曽八流あるいは七流」と呼ばれた「一之枝川（石枕川）」「二之枝川（般若川）」「三之枝川（浅井川）」などの多くの支川が分流していた。

一五八五（天正一三）年に、伊勢湾北部域を震源地にマグニチュード八・二の大地震が発生した。この地震で、飛騨白川谷の保木脇の帰雲山城が埋没し、近江長浜でも城主の山内一豊の幼女が圧死、大垣城も崩壊した。被害は東海、近畿、北陸と広い範囲にまたがり、死者約六〇〇〇人と伝えられている。

この大震災の翌年に、洪水が発生した。この洪水は規模的には大きくはなかったが、地震の影響も加わって、ほぼ現在の位置を流れていた小さな支流に、木曽川の河道が大きく移動したと伝えられている。このため木曽川は下流の羽島市の南端で長良川と合流することになったのである。この河道の移動で、豊臣秀吉は尾張と美濃の国境を境川からこの新しい河道に変更して、一五八四年の小牧・長久手の戦いが終了するまで尾張に属していた一〇七か村・石高五万三百余石を労せずに美濃に編入した。

## 小田井人足

ところで、もう死語に近いが、働いている振りをしながら働かない人を、「小田井人足《おたいにんそく》」と呼ぶ。小田井村（名古屋市西区小田井）は、庄内川右岸の村であった。名古屋市の西を流れる庄内川が洪水の際には、尾張の城下町を守るために庄内川右岸の小田井村の堤防を切ることになっていた。この語源は、この作業に駆りだされた小田井村の村人が自分たちの村を守るために、働いている振りをしながら洪水の過ぎ去るのを待ったことによる。この話は、尾張藩の洪水防禦の姿勢を如実に示すものである。

徳川家康は一六〇七（慶長一二）年に九男義直《よしなお》を尾張に配し、翌年から木曽川左岸の尾張側に、御囲堤《おかこいづつみ》の建設に取り掛かり、尾張側は洪水被害から免れることになった。一方、御囲堤によって左岸側への出口を失った激流は、右岸側の美濃側へ押し寄せることになった。

御囲堤は洪水のたびに修築・補強され、徐々に木曽川左岸側の堤防は連続した堤防になっていったが、右岸側と長良・揖斐川は網目状の流路網となっていて、各村は輪中堤で村を守るしか術《すべ》がなかった。木曽三川がいまのような河道の状況になるには、明治の改修による木曽三川の分流まで待たなければならなかった。

## 【コラム】鳥居峠と小説『恩讐の彼方に』

鳥居峠

楢川《ならかわ》村奈良井宿と木祖《きそ》村《むら》薮原宿《やぶはらじゅく》を結ぶ標高一一九七メートルの鳥居峠は、太平洋に流れる木曽川と日本海に流れる信濃川の支流奈良井川の分水嶺《ぶんすいれい》である。

多くの旅人が、「あの峠を越えると新天地に着く」と、胸を高鳴らして峠に向かって歩いた。そこで峠の呼び名は、越えていく先方の地名で言う慣わしになったのだろうか、薮原の人はこの鳥居峠を奈良井峠、奈良井の人は薮原峠と呼んでいた。

木曽義仲の後裔と称する木曽氏一六代目木曽義元（一四七二～一五〇四）が、この峠から御岳山を仰いで、松本の小笠原氏との戦勝を祈願した。そのため、小笠原の軍勢を撃破できたので、義元は勝利を喜び、この地に鳥居を建てた。以来、ここが鳥居峠と呼ばれるようになったと伝わっている。

一八九〇（明治二三）年、鳥居峠の側の峠山を取り巻くように曲がりくねった国道が開通して、馬車の通行が可能になった。ところが、曲がりくねった旧国道は、積雪期には不通になるので、一九五五（昭和三〇）年に全長一一一一メートルの国道鳥居トンネルが開通した。その後、交通量の増加やトンネル内での大型車の通行、さらに排気ガス問題に対応するため、一九七八年に新鳥居トンネルが開通した。

一方鉄道は、一九一〇年に一六四五メートルの鳥居トンネルの開通により、奈良井〜薮原間に中央西線の蒸気機関車が走った。その後、電化と複線化工事により、一九六九年に二一五七メートルの国鉄鳥居トンネルが開通した。これら道路と鉄道の工事で、鳥居峠の下には四本ものトンネルが通ることになった。

現代の多くの旅人は、中山道の難所のひとつであった鳥居峠から御岳山を仰ぎ見ることもなく、トンネルを通って、分水嶺・鳥居峠を越えている。

この峠の茶屋付近に、菊池寛の有名な小説『恩讐の彼方に』の碑が建っている。小説の主人公・市九郎とお弓は、江戸を逐電《ちくでん》してから、美人局《つつもたせ》よりも単純で、手数のいらぬ強請《ゆす》りをやり、最後には、切取強盗を稼業とした。鳥居峠に茶店を開き、市九郎は金のありそうな旅人を狙って、夜は強盗を働いた。一年に三、四度殺人を犯し、その金で、一年の生活を支えていた。ところが、鳥居峠でのお弓との心荒んだ生活に嫌気がさした市九郎は、過去の悪事を悔い改め、僧・了海となり、殺した人びとの菩提を弔う旅に出たのである。

この小説によって、越後国高田の四九歳の僧・禅海和尚（小説では了海）が九州大分の耶馬渓《やばけい》で二一年の歳月を要して完成させた岩盤を掘りぬいたトンネル・「青の洞門」とともに、この鳥居峠が一躍有名になったのである。

# 第2景

# 木曽谷盛衰史

## ——木曽氏の台頭から明治時代まで

# 1 木曽支配の移り変わり

木曽谷は中部山岳地帯のほぼ中央に位置している。この木曽谷の森林は、「木一本に首一つ」といわれた江戸時代の過酷な森林保護政策が明治時代まで存続した結果、全国でも有数の天然檜《ひのき》の美林として残った。さらに、山岳地帯ということもあり、木曽谷への人びとの往来が極めて不便で、その不便さゆえに多くの山林資源の宝庫となっていた。それゆえ時の権力者は豊富な木材の所有や産出をめぐって争い、木曽を支配することを渇望したのである。ここではまず、たえず大きな歴史のうねりとともにあった木曽谷の歴史をたどっていこう。

**平安時代と木曽の荘園**

六四六（大化二）年の大化の改新の詔《みことのり》による公地公民《こうちこうみん》を根本原則とした律令《りつりょう》国家の形態は、桓武《かんむ》天皇によって平安京（京都市）に都がうつされた平安時代（七九四～一一八〇）前期、つまり九世紀末ごろまで執《と》られていた。しかし、七四三（天平一五）年に開墾を奨励する墾田永年私財法が施行され、国家に返還されない私有地が増えた。公地原則はくずれて、支配階級による私的大土地所有である荘園ができはじめ、木曽谷もその例外ではなかった。荘園制が進むにつれて、平安時代の貴族による政治は徐々に衰退し、地方の武士勢力がその存在を主張しはじめた。この大きな時代の流れのなかで、武門の棟梁《とうりょう》（統率者）の地位が、源義家《よしいえ》（一〇三九～一一〇六）によって確立された。しかし、義家の没後、平氏の平清盛《たいらのきよもり》（一一一八～一一八一）が一一五九（平治元）年に棟梁の座を奪ったのである。ところが、「おごる平氏は久しからず」、後白河法皇の皇子・以仁王《もちひとおう》が平氏打倒を各地の源氏に呼びかけ、これを機に伊豆に流されていた源頼朝や木曽の義仲ら各地の源氏が立ち上がった。一一八三（寿永二）年、平氏はついに西海にのがれることになった。

すでにこの時代に、豊富な森林資源に目をつけて、木曽谷には少なくとも二つの荘園があったと記録されている。『木曽谷の歴史』によると、ひとつは美濃の国の小木曽庄で、一〇一八年に京都の無量寿院領として発足し、一二九八年に京都の高山寺領となった。鎌倉幕府（一一八〇～一三三三）崩壊後には、常陸国出身の真壁《まかべ》聖幹が地頭として手中に収め、室町幕府へ収めるべき年貢を納めず、真壁は須原で政治をおこなったようである。二つ目は信濃国の大木祖庄で、一一八六年には存在しており、京都の宗像《むなかた》神社が所有し、上野国《こうづけのくに》沼田出身の藤原氏が地頭をしていたとも伝わっている。

これら山深い木曽の荘園も、大きな時代の波に飲み込まれ、荘園は変質・崩壊へと向かっていったのである。

## 木曽氏の台頭と時の支配者

平氏をやぶって成立した源頼朝の鎌倉幕府も、土地を経済構造の基本的要素とする荘園《しょうえん》を土台に成立していた。この鎌倉時代の中期には、木曽は伊勢内宮の造営用材を伐り出す御杣山《そまやま》として、檜の伐採がおこなわれたとも伝わっている。

元弘の乱（一三三一年）や建武の乱（一三三五年）の際に、大木祖庄の藤原姓の沼田家村（初代木曽氏）は室町幕府（一三三六～一五七三）初代将軍となった足利尊氏《たかうじ》側に属し、楠正成《くすのきまさしげ》を破った功績で近江国の一部や木曽、伊那の高遠《たかとう》、上野の千村の庄を足利氏から拝領した。これを機に、家村は沼田姓を木曽姓に変えたのである。沼田家の先祖は、大木祖庄に役人として木曽に来て、やがて小木曽庄の真壁一族を破り、木曽一円を支配したと伝わっている。

室町幕府の統制力が弱まり、各地で発生した守護大名の勢力争いも一因となった応仁の乱（一四六七～七七）以降、荘園制度は崩壊していったが、木曽では、木曽義仲の七代目であると称する「初代」木曽家村以降も、現地では木曽氏の実質的な支配が続いていた。

やがて戦国の動乱期から近世初頭に入ると、木曽の支配者は激しく入れ替わるようになる。一五四二（天文一一）年、木曽を支配していた一八代木曽義康《よしやす》が甲州境で武田信玄（一五二一～一五七三）の軍に敗れると、それ以降のおよそ四〇年間、武田氏が木曽を支配することになった。

織田信長（一五三四～一五八二）の家臣となった一九代目の木曽義昌《よしまさ》は、一五八二（天正一〇）年に信長とともに甲州へ攻め込み武田氏を滅亡させた。この功績により、義昌は木曽一〇万石を信長から拝領し、木曽はふたたび木曽氏の手に下った。しかし、同年に信長が本能寺で倒れると、義昌は徳川家康（一五四二～一六一六）側についた後、将来の滅亡を知る由もなく、皮肉にも豊臣秀吉（一五三六～一五九八）側についたのである。

豊臣秀吉による太閤検地は、領主と農民の関係を田畑ごとに一領主一農民とするものであり、石高制という統一的な土地制度の基礎がつくられ、荘園制の時代はついに終った。一五九二（文禄元）年におこなわれた木曽の検地では、「一反とて田畑続き申さず。（略）その上三年に一度も実り候えば、鹿・猿に食われ、第一不出来の田畑ばかり」と記され、年貢は米ではなくこれまで通り木材で納めることになった。

秀吉は、戦後復興には多大な良材が必要であることを実感し、木曽谷の豊富な森林に目をつけていた。その絶好の機会が小田原征伐後に訪れた。

一五九〇（天正一八）年四月、豊臣秀吉が家康を動員して北条親子を攻めた小田原征伐の際、病気の義昌は小田原征伐に参加せず息子の義利を参加させた。このことを理由に、秀吉は木曽氏を下総《しもうさ》の国（現千葉県）に移封した。これで、木曽山と木曽川および飛騨川は秀吉の直轄領となり、犬山城主石川備前守光吉が木曽谷の代官に任命された。このとき木曽氏に仕えていた山村良候《たかとき》と息子の良勝《たかかつ》も、木曽氏の多くの家臣と同様、領主を失ったのである。木曽の地を再び手中にせんと期す山村氏は、やがて徳川家康について木曽の奪回を誓った。

## 山村氏の台頭

山村代官屋敷

一六〇〇（慶長五）年の関ヶ原合戦のとき、山村親子は徳川家康から木曽攻めの命を受けた。山村親子は、木曽氏の家来だった人びとの助けを借りて、家康の三男で第二代将軍となった徳川秀忠とともに木曽谷を攻め、木曽代官石川光吉を追放して木曽を家康の領地とした。

家康は木曽攻略に軍功があった山村氏に美濃一万石と木曽の地を与えようとした。しかし山村良候《たかとき》（道祐）は、徳川家から良材の徴発を強要されて後難が生じることを恐れ、「木曽は良材に富み私有すべきではなく、天下の公領とすべき」と述べ、木曽を拝領することを辞退し、美濃の国一万六二〇〇石を得た。

ところが良候は、美濃の石高の約三分の一だけを自分のものとし、他はすべて木曽攻めで功績のあった家臣に与えたのである。そこで家康は、さらに皮を剥いだり削ったりしたままの木材・白木《しらき》五千駄を山村氏に、六千駄を木曽谷の人びとに与え、木曽を直轄領とした。そして、一六〇〇年一〇月に山村良候を木曽谷の代官に任命して、木曽福島の関所を守る役目とともに、石川光吉のときと同様、木曽川と飛騨川の木材を監督・管理するように命じた。

このとき以来、山村氏は、木曽山の山林行政だけでなく、木曽谷の川筋は言うに及ばず、木材流しの終着地錦織《にしこおり》（現岐阜県加茂郡八百津町）から筏《いかだ》の集結地白鳥《しらとり》（名古屋市熱田区）までも支配することになったのである。

## 大名や公家も怖れた代官山村家

一七四五（延享二）年、尾張徳川家の家臣横井也有《やゆう》は、殿様のお供で江戸から名古屋に帰る途中、木曽福島の山村代官屋敷に宿泊した。この夜の山村家の豪華なもてなしを「裃《かみしも》姿で、皆がなにくれとなくもてなしてくれ、鯛や鰤《ぶり》などが食膳に供せられ、とても木曽の山家《やまが》といった気はしない」と『岐岨路紀行《きそじきこう》』に記し、俳句「俎板《まないた》のなる日は聞かず閑古鳥《かんこどり》」を詠んでいる。この俳句は、山村代官屋敷東門跡の石垣（現福島小学校の石垣）に刻まれて残っている。

山村家は徳川幕府の旗本で、江戸城内「柳の間」に詰める格式であった。そこで、中山道を通る多くの大名や公家たちは、気苦労が多く窮屈な山村代官屋敷での宿泊を避け、山村家からのあいさつがくる前に、「主《あるじ》はいささか疲れ気味でありますので、わざわざお出向きのごあいさつには及びません」と、丁寧に断っている。

各宿の本陣に宿泊した大名や公家の数は、一七三七（元文二）年からの一〇年間に、奈良井《ならい》宿へ向かう鳥居峠手前の薮原《やぶはら》宿で一三〇件、福島宿を通過した上松《あげまつ》宿で一〇三件、一方、薮原と上松の間に位置する木曽福島本陣に宿泊したのは四九件と、きわめて少ない。このわずかな資料からも、「天下の難所・鳥居峠越えを控えて薮原宿に」「天下の奇勝・寝覚の床見物のために上松宿に」と種々の名目をつけ、多くの大名や公家は木曽福島の宿を一刻も早く通過したいと思ったのだ。

## 山村氏から尾張徳川家による木曽支配へ

徳川家康は、豊富な巨木が生い茂る木曽山を自分で所有していた。一六〇八（慶長一三）年、家康は当時まだ七歳であった第九子義直《よしなお》を尾張藩主に据え、義直一五歳の春、浅野幸長《ゆきなが》の娘・於春《おはる》を妻に迎えた。この祝言《しゅうげん》の四か月後、一六一五（元和元）年八月には、大坂夏の陣があった。幕府軍は大勝し、その帰りに家康は名古屋城に立ち寄り、木曽山を尾張藩に与えた。この際、尾張藩の幹部は「黄金を生み出す山」を拝領しても「川が使用できなければ木材運搬が不可能で、黄金も生まれない」と考え、木曽川の使用権をも要求し、木曽材の運搬路・木曽川も手中に収めた。これ以後、木曽谷は明治維新まで尾張藩によって強固に支配されたのである。

一石栃番所跡

尾張藩が、木曽の山・川を拝領する際の逸話が残っている。「名古屋城で家康が義直に木曽山を与えると言ったとき、家老の成瀬隼人正《なるせはやとのしょう》は一向に聞こえないふりをしていた。そこで再び、家康が同じことを言った際、『木曽の山・川とも御拝領有り難く存じます』と答え、この成瀬の機知で木曽山と木曽川が一緒に拝領された」と、伝えられている。この逸話は、豊臣秀吉が確立した「木曽山・川の一元支配体制」を尾張藩が強く希望したことを物語るものである。それにしても結婚祝いが重なり、尾張藩は最適のタイミングでまんまと木曽の山・川を手に入れたといえるだろう。

木曽谷が尾張藩のものとなり、山村家は尾張藩に属することになった。これで、山村家は初代木曽代官良候《たかとき》以来の旗本であるとともに尾張徳川家にも仕える微妙な立場となった二代目山村良勝《たかかつ》とその子良安《たかやす》親子は、家康から公儀御用の材木をこれまで通り伐り出すことを申し渡されており、尾張徳川家は木曽谷への将軍家の干渉を嫌い、徐々に山村家を木曽木材に関する仕事から遠ざけていくのであった。

一六六四（寛文四）年、尾張藩は第一回目の木曽山巡検《じゅんけん》を実施した際、木曽木材が濫伐《らんばつ》されていると山村家に難癖をつけた。これに閉口した四代目代官・山村良豊《たかとよ》は、「代官が信用できなければ、尾張藩直営で管理してくれ」と、山方林政いっさいの行政を辞退してしまった。これ以降、木曽は尾張藩が直接管理することになり、尾張藩は念願どおり木曽谷を自由に扱うことができるようになったのである。

翌年、尾張藩は伐木運材、錦織綱場《にしこおりつなば》、白鳥《しらとり》貯木場、川並支配など山方いっさいの仕事を藩の直轄とし、上松《あげまつ》と錦織にそれぞれ材木奉行を置き、木曽山に住民の立ち入りを禁じた留山《とめやま》制を施行した。

尾張藩は、材木はもとより家康が与えた白木（曲げ物などの材料に用いる材木を割った半製品）に至るまで統制し、刻印のある物以外は木曽から搬出させなかった。

一六六九年ごろ、白木を取り締まる白木改番所が妻籠《つまご》下り谷に設置された。この番所は、その後土石流に遭い、寛延年間（一七四八〜一七五一）に一石栃《いっこくとち》に移って「一石栃番所」と呼ばれ、一八六九（明治二）年の廃関まで白木の取り締りをおこなった。

## 【コラム】木曽義仲の挫折

平氏討伐に活躍し、木曽谷を二五〇年間も支配することになった木曽氏の祖と称される木曽義仲《よしなか》（一一五四〜一一八四）の出身と経歴を追ってみよう。

武門の棟梁となった源義家から四代目の源義賢《よしかた》が木曽義仲の父親である。義賢は武蔵国比企郡《ひきぐん》大蔵館（現在の埼玉県嵐山町《らんざんまち》）で甥に殺された。二歳の義仲（幼名駒王丸）は信濃国木曽に逃れ、義仲の乳母《うば》の夫である中原兼遠《かねとお》に日義《ひよし》（現木曽郡日義村）で養育された。

一一八〇（治承四）年に発せられた後白河法皇（一一二七〜九二）の皇子・以仁王《もちひとおう》の令旨《りょうじ》（命令）によって、義仲は平氏討伐の戦いをはじめ、年内に信濃を手にいれ、翌年には越後にすすんだ。一一八三年には平維盛《これもり》らの大軍を、加賀と越中の国境にある倶利伽羅《くりから》峠（富山県小矢部《おやべ》市と石川県津幡町《つばたまち》の県境に位置する峠）でやぶり、北陸道をおさえ、義仲は京都にはいった。しかし京都の義仲軍は軍紀の乱れによって人心を失い、院政をおこなう後白河法皇と義仲との溝は深まった。

そのため法皇は義仲の従兄弟《いとこ》の頼朝《よりとも》（一一四七〜一一九九）への接近をはかり、東国諸国の支配権を認めた。孤立した義仲は一一月にクーデタを断行して法皇を幽閉、翌一一八四（元暦元）年に、みずから征夷大将軍となった。しかし頼朝の命令で京都に進攻してきた源頼朝の異母弟の源義経《よしつね》と異母兄の源範頼《のりより》の軍にやぶれ、逃走の途中、近江《おうみ》国粟津《あわづ》（滋賀県大津市）で三一歳の生涯を閉じたのである。

義仲館正面の木曽義仲と巴御前

## 2　森林資源の枯渇に呼応した木材保護

木曽檜の伐り出しは時代とともに激増していった。伐採量の推移をみると、木曽氏が支配していた一三三八（延元三）年から一五九〇（天正一八）年までは年平均五〇〇〇立方メートル、一五九〇年〜一六〇〇（慶長五）年の秀吉の時代は一〇倍に増えて年平均五万立方メートル、一六〇〇年〜一六一五（元和元）年の家康の時代は年平均一五万立方メートル、尾張藩に移った一六一五年から三〇年間では年平均三〇万立方メートルと驚異的に伐採量が増え、当然森林資源は枯渇していった。

木曽檜は江戸城や名古屋城築城の内装用に多く用いられた。一六一〇（慶長一五）年に着工され四年後に完成した名古屋城では、使用木材量は三万九九七四本と記録にあるが、やや少ない感じである。『木曽谷の歴史』の著者・平田利夫は、江戸初期に見積もられた木曽谷の材木総蓄積量と年間の公式伐採量より、「公式発表の二倍程度が実際の伐採量である」と推測している。

森林資源の枯渇は一七〇〇年代に入るといよいよ顕著となった。

## 尾張徳川家の厳しい山林保護

木曽谷は全域の九五パーセントが山林であった。これらの山林で、住民が立ち入って日常生活に必要な家作木《かさくぼく》、薪《たきぎ》、下草などを採取することができる山が明山《あきやま》であり、明山での樹木は、伐採禁止の停止木《ちょうじぼく》（木曽五木と欅《けやき》）、許可が必要な留木（栗・松）、届出が必要な雑木・枯木・切り株、伐採が自由な金木《かなき》（細く硬い木やその枝）、柴、草、果実、と細かく分類され、これらの制度は明治時代に入るまで続けられた。

木曽全山林のわずか約七パーセントを占める山林が巣山《すやま》、留山《とめやま》と称される伐採禁止地域に指定され、伐採禁止地域は面積的にはあまり広くはなかった。しかし、九五パーセントを占める山林に生える樹木のうち、伐採禁止の停止木五木（檜《ひのき》・翌檜《あすなろ》・椹《さわら》・高野槇《こうやまき》・黒檜《くろべ》）は木曽全山の立木の五六パーセント以上を占めており、その筆頭は五木のうち三〇パーセントを占める檜であった。

住民立ち入り禁止の木曽の山林は、以下の三つであった。

**《巣山《すやま》》**

江戸時代、将軍家や大名は非常時の訓練と称して鷹狩を楽しんだ。その鷹の巣の保護と雛を確保する山が巣山で、多いときには木曽谷全域で六四か所に及んだ。巣山の周りは囲いを施され、巣鷹役人が見まわり、住民はこの巣山で下草を刈ることも禁止されていた。一七三〇（享保一五）年萩原（岐阜県下呂市）に、俗にお鷹城と呼ばれた萩原御鷹匠《おたかじょう》役所が設置された。毎年五月から六月になると尾張藩鷹匠方の役人が出張してきて、木曽川の源流・味噌川の深い山で捕獲した子鷹などを飼育した。この役所は一八七一（明治四）年に廃止された。

萩原のお鷹匠役所跡

**《留山《とめやま》》**

尾張藩の第一回木曽山巡検の際、濫伐のために山林がはなはだしく荒廃していた。そこで、翌年に木材の保護育成のために村人立ち入り禁止の山を指定したことは先述のとおりである。一七二四（享保九）年まで指定され、場所は順次増え、木曽谷中で二一か所設けられた。

**《鞘山《さややま》》**

一六八七（貞享四）年の第二回の巡見の際、巣山、留山の周囲に幅約三二〇〜五五〇メートルにわたる地帯を立ち入り禁止とした。これを鞘山といい、巣山、留山の登降路は鞘山で通行止めとなった。

木曽谷の民謡に、「情けないぞえ市川様は　巣山・留山鞘かけた」と唄われた市川甚左衛門がこの鞘山を設けた人物である。

市川甚左衛門は一七〇七（宝永四）年に上松《あげまつ》奉行となり、翌八年の第三回巡検の際、檜《ひのき》・椹《さわら》・高野槇《こうやまき》・翌檜《あすなろ》（明日は檜になろうとの意で名づけられた。別名ヒバで、木曽では「あすひ」とも呼ばれている）の四種類を「停止木《ちょうじぼく》」とし、さらに翌年には、外見が檜に似て紛《まぎ》らわしい黒檜《くろべ》（別名ネズコ）も停止木に加えた。これが木曽五木である。木曽五木はそのいずれも同程度に重要視したものではなく、あくまでも檜の濫伐を防ぐ保護のために選定されたものであった。

これら木曽五木を伐《き》ると「木一本に首一つ」と、厳しく断罪に処せられた。「木曽のきこりは斧《おの》一本」ともいわれ、鋸《のこぎり》は音が出ず盗伐されやすいため、きこりは山へ入るとき斧しか持って行けなかったのである。

民謡の歌詞からは、市川甚左衛門は村人を山から遠ざけた人物のように聞こえるが、彼は熱心に山林保護をおこなった人物である。一七二一（享保六）年の第四回巡検の後、栗・松・欅《けやき》をも留木とし、さらに一七二四年には抜本的な対策として、米の代わりに榑木《くれき》や土居《どい》などの白木で年貢を支払う木年貢の制度を廃止した。また市川は、山地崩壊の原因となる急傾斜地の新規開墾を禁じ、さらに禿山《はげやま》に植林をして「預かり山」としてその管理を村に委託するなど、治山にも配慮した林政をおこなった尾張藩の役人であった。

このような措置にもかかわらず、五木のうち「火縄用として黒檜《くろべ》の樹皮」が重宝され、五木に対して一貫した方針が取られなかったため、相変わらず五木の盗伐は続き、樹皮が剥された。さらに、一八四九（嘉永二）年には留木であった欅も「停止木」とされ、六木が伐採禁止木となった。

## 【コラム】木曽馬と山下家

木曽馬は、北海道の道産馬《どさんこ》、宮崎県の御崎馬《みさきうま》とともに日本古来の三大在来和種馬である。木曽地方の風土に最適な馬で、言い換えれば、木曽の厳しい生活が木曽馬をつくりだしたといえるだろう。

木曽馬は平均体高一二三センチ、体長一四三センチの短足胴長で、『日本書紀』につがいの二頭が百済《くだら》から贈られたことが記されており、これが木曽馬の起源と思われる。

鎌倉時代以降、木曽氏は木曽馬を年貢として受け取っており、この制度は江戸時代に山村氏が木曽の代官となった後も、代官の特権として江戸時代が終わるまで続いた。

開田村西野地区にある山下家は、代々「伯楽《はくらく》」（馬の素質の良否を見分ける人や牛馬の病気を治す名人）と呼ばれた馬の医者が先祖である。江戸時代には庄屋、鍛冶屋といっしょに村の三役を務めた大馬主であった。山下家では最盛期には二五〇頭の親馬を所有し、年に一〇〇頭の子馬を売ったと伝えられている。

馬主は、馬小作（農民）に雌馬を貸し与え、生まれた子馬を飼育させ、子馬を二歳駒として市場で売り、馬小作人は代金の半分を飼育料として受け取った。

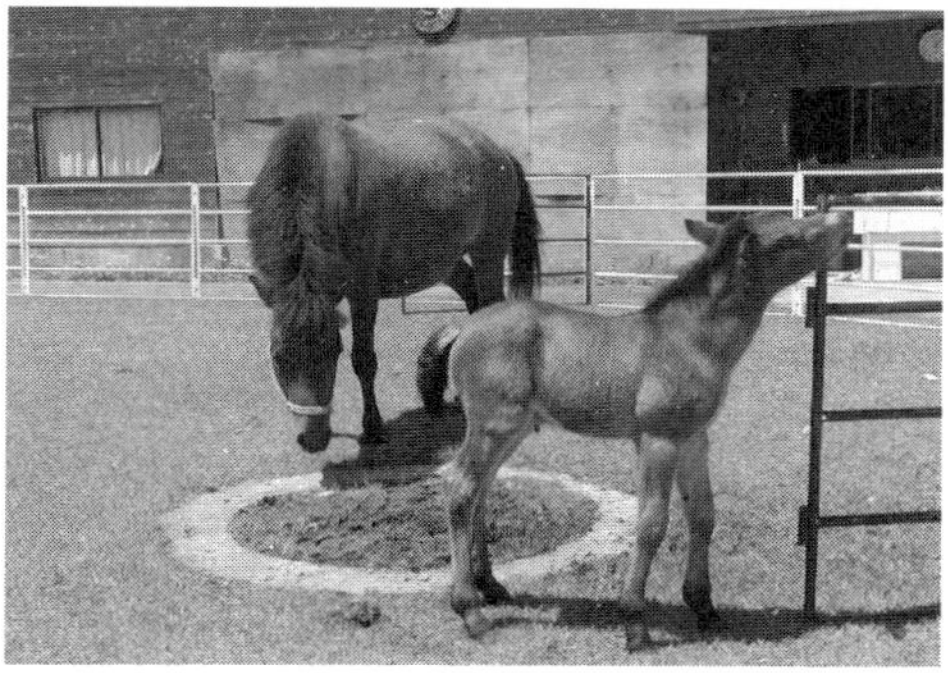
木曽馬の親子

馬の飼育は女性の仕事であった。家のなかでも暖かい南側につくられている厩《うまや》で飼育がおこなわれ、子馬のときから子どもの遊び相手をさせ、従順な性質の馬に飼育された。また、囲炉裏を囲んだ主人の座席から常に馬の状態を見ることができ、主婦の座席はすぐ馬に飼料を与えられる台所に面し、大釜で飼料を煮て馬に与えていた。大切に育てた馬を市に出す朝は、暗いうちから馬の体を束ねた藁で拭いてやり、赤飯を炊き、涙を流して別れを惜しんだと伝えられる。

家族の一員として大切に飼育されていた木曽馬も、戦後の機械化農業の普及、農林業の不振、物流輸送の変化にともない、しだいに飼育頭数が減少した。一九六九（昭和四四）年六月に地元の有志が「木曽馬保存会」を結成したが、一九七五年には純系木曽種馬の第三春山号が老齢で死亡、その翌年には三二頭にまで減少した。

一九七七年六月に日本在来馬の保存活用に関する日本馬事協会主催の第一回会議が開かれ、このことが大きくマスコミに取り上げられた。絶滅の危惧が訴えられると、木曽馬への人びとの関心が高まり、さらに飼育者の努力により徐々に馬が増えはじめ、一九九五年には七一頭に増えてきて、観光や乗馬などの新しいブームを呼んでいる。

## 3 盗伐と御料林への組み入れ

目の前に「黄金の檜」が鬱蒼《うっそう》と茂っているのを毎日見ながら、住民は苦しい生活を余儀なくされていた。厳罰に処せられるとわかっていても、彼らは食べて生きていくために、ついつい伐採が禁じられている檜を盗伐した。「背狩り」という、巧妙な盗伐方法があった。檜の皮剥ぎの容易な四、五月ごろ、よく育った檜の大木地上一メートル前後の側面から鋸で樹芯部まで切り、樹皮を半分剥いで生木の半身を露出させる。次に、それより二～三メートル高いところで同じように鋸を入れ、半身と樹皮との境に鉄の楔《くさび》を打ち込んで生木半分を容易に割り取ったのである。その後、半分剥がした樹皮をもとに戻し、一見すると普通の檜と変わらないように細工を施す。この檜は、むろん、立ち枯れになるが、それが発見されるまでには二～三年かかり、ほとんど下手人《げしゅにん》は見つからなかった。背狩りを二回もおこなえば、一年間の暮らしには充分で、生活に追い詰められた貧しい人びとにとっては、生活のためでもあった。

槙《まき》皮は火縄銃の火縄に使用される貴重品だが、皮を剥ぐと槙は枯れてしまう。蘭《あららぎ》村(木曽郡南木曽町)の権右衛門は、槙の皮剥ぎをしている最中に見つかった。一六六九(寛文九)年七月、木曽谷中を引きまわされた後、妻子の目の前で首を切られ、妻子は追放となった。さらに一六七五（延宝三）年、湯舟沢《ゆぶねざわ》山（中津川市）で槙皮を剥いでいた徳左右衛門がその場で捕まり、磔《はりつけ》・獄門《ごくもん》となり、やはり妻子は追放となった。

なお盗伐ではないが、留山の延焼を咎《とが》められ、打ち首になった事例もある。

一七一八（享保三）年四月、開田村で春の山焼きの火が尾張藩の留山へ延焼した。当時の西野村の庄屋青木太左衛門をはじめ村のおもだった人びとは厳しい追及を受けた。そのとき、平素無口

「背狩り」などの盗伐を調べる役人

妻子の前で切られる権右衛門（『南木曽の歴史』を参考）

覚明の森の兵次郎地蔵

で額と後頭部がともに出っ張っているという見事な「さいづち頭」の兵次郎は、茂りすぎた檜の枝と枝が摩擦によって発火したと述べ、檜の枝をこすって役人の前で発火させた。役人は兵次郎の行為を「キリシタンの妖術の仕業」と考え、兵次郎を木曽福島へ連行して打ち首にした。この兵次郎の犠牲で村の人びとは助かったのである。

それから数年後、兵次郎によく似た「さいづち頭の地蔵」が、台座に「右山道　左黒沢道　寛永三年」と刻まれ、道しるべを装って建てられた。兵次郎地蔵には発起人筆頭に、庄屋青木太左衛門の名が刻んである。現在、開田村西野地区下野原にある「覚明の森」に、「さいづち頭の兵次郎地蔵」（開田村指定文化財）として奉られているのがそれである。

なお、儒学者貝原益軒《かいばらえきけん》（一六三〇〜一七一四）は、檜の語源を「火の木」であると述べており、現在でも、檜の枝をこすり合わせて火を熾《おこ》す神事は多い。

## 官有林と民有林の区別

明治の新政府になって、山懐に抱かれた木曽の人びとは豊かな山林から資源を得て、新しい生活が始まるものと期待していた。ところが現実には、停止木以外は伐採できた山林にも入れず、家の前にある明山にさえ入れない新制度が実施された。

一八六七（慶応三）年、幕府の大政奉還、諸大名の版籍奉還などによって、土地の封建的領有権が廃止され、新たな土地所有制度へと進んでいった。一八七三（明治六）年には近代的土地所有権を確立した「地租改正条例布告」が発せられ、この布告と連動して、官有林と民有林とを区別する必要が発生した。

この官有地と民有地の区分の際、村持山林の民有地への編入問題が多くの問題を噴出させたのであった。その編入条件は、「人民数人あるいは一村あるいは数村所有の確証ある土地」で、「所有の確証」がないと官有地に編入されたのである。

盗伐は一八八四、八五年が全国的に最も多かった。一晩の盗伐で三〜四円の稼ぎとなり、日当二〇銭の当時の一五〜二〇日分に相当した。貧しい住民にとっては、盗伐は江戸時代と同様に大きな誘惑であった。

南木曽町の桃介記念館横にある旧御料局妻籠出張所跡の「山の記念館」には、盗伐で逮捕された人を拘置する牢獄が再現されている。

隙間だらけの板で囲まれた狭い牢獄の中で寒い木曽の冬を過ごした人びとは、自分がおこなった盗伐への反省ではなく、民有林さえも官有林に組み入れた明治政府に対する怒りで、体を震わせていたことだろう。

## 官有林へ組み入れられた民有林

少し長いが、小説『夜明け前』に出てくる官林開放運動の嘆願書を引用すると、

「いづこの海辺にも漁業と採塩とに御停止と申すことはない。もっとも、海辺に殺生禁断の場所があるように、山中にも留山というものが置かれている。しかしそれ以外の明山にも、この山中には御停止木ととなえて、伐採を禁じられてきた無数の樹木のあるのは、恐れながら庶民《しょみん》の子とする御政道にもあるまじき儀と察し奉る」

と記されている。

この書類は、作者島崎藤村の父・島崎正樹（小説では青山半蔵）が一八七一（明治四）年一二月に名古屋県福島

出張所に提出した「木曽三三ヶ村総代　明山回復停止木解禁願書」である。ところが、同出張所の筑摩《ちくま》県権令（知事）の永山盛輝は、住民代表の声に耳を貸そうとしなかった。さらに、永山の意を汲んだ部下・筑摩県権中属の本山盛徳が、民有地と官有地との境界を決定するため、一八七三年に木曽谷へ乗り込んできたのである。

本山は、留山をすべて官有林へ編入し、停止木のあるところもすべて官有林とした。さらに、私有林までが停止木があるという理由で官有林に組み入れられた場合もある。

村人は、「鞭にも使う杖を持った本山の威嚇《いかく》に震え上がり、言いたいことも言えず、本山の決定にしぶしぶ従った」と、伝えられている。一方、この言い伝えに対して、「明治の混乱期に村の有力者たちが大々的に盗伐をおこなっていたので、盗伐の露見を恐れ、盗伐現場の見えない民有地を案内してまわったため、官有林が増えた」とも伝わっている。官有林を増やそうと考えていた役人と、たまたまやましいことをした案内人との話が混同して伝わっているようだが、ともかくも、この官有林と民有林との境界を決める作業は一八八〇（明治一三）年に終了した。

## 4

## 御下賜金で木曽谷を守った男——島崎広助の活躍

島崎広助《ひろすけ》は、一八六一（文久元）年に馬籠本陣島崎正樹の次男として生まれ、三歳のときに母の実家妻籠本陣の養子となった。なお広助の弟は文豪の藤村（本名春樹）である。

広助は、「明山復古運動」をおこなってきた父の意志をしっかりと引き継ぎ、木曽山の開放に尽力するのである。

## 木曽の山々を住民の手に

一八八〇（明治一三）年には、ついに木曽の山々は立ち入り禁止の官有林の山となった。これまで明山に入って雑木や下草を刈り、家畜を飼い、狭い土地でつましく生活してきた木曽谷の人びとは、明治の開化の恩恵に触れる道を閉ざされてしまった。

一八八一年、木曽一六か村から選ばれた弱冠二〇歳の広助を含む七人の総代は、官民区分の境界決定を不服として、申し立て文書を長野県知事に提出した。このときから、広助は木曽山問題に熱心に関わっていくのである。なお広助は電力王と呼ばれた福沢桃介《ももすけ》と木曽川の水利権問題で折衝した人物でもある（本書第8景を参照）。

一八八四年に、広助は二三歳で吾妻村戸長（村長）になると、さっそく官民区分問題の解決に乗り出し、木曽住民の先頭に立って奔走した。

翌年一二月に伊藤内閣が誕生した。伊藤博文《ひろふみ》は皇室を維持するために、宮内省に御料局を設置し、全国の官有財産から皇室財産つまり御料地をピックアップした。この制度改革のなかで、木曽の官林は一八八九年に皇室の財産を管理する御料局に移管されたのである。

こうした動きに対応して、広助は一六か村の村長とその総代九五人の署名捺印を集め、地元民で組織する御料林保護組合が山を保護育成する見返りに、地元民が下草や雑木を無償で伐採できる要望書を宮内大臣に提出した。しかし、こうした広助らの要望にもかかわらず、同年一一月二八日には、信濃・美濃・飛騨にまたがる総面積約五三万三〇〇〇ヘクタールが木曽御料林となり、立ち入り禁止となってしまった。

城山の木曽谷恩賜金由来の碑

## 御下賜金運動と広助の碑

木曽御料林がもはや住民の手の届かないところへ行ったことを痛感した広助は、「民有地の取り戻しと、旧明山での下草刈、雑木伐採の権利を放棄して、その代わりに、荒れ果てた民有地に植樹をおこない、また地域産業の振興に役立てる資金を『御下賜金《ごかし》』として宮内庁から貰う」案を提案した。この案はなかなか人びとに受け入れられなかったが、一九〇〇（明治三三）年一一月、西筑摩郡町村会は広助の案を全会一致で認めるに至った。

住民の旧明山に対する意識改革が進まないことにもめげず、粘りづよく人びとを説得しつづけた広助の努力によって、ついに一九〇五年七月、「御下賜金下付」の通達が宮内大臣から長野県知事に下り、これ以降一五年間、毎年一万円が木曽一六か町村に下賜されることになった。

支給額は、一九二〇（大正九）年に年額四万円に増額され、一九四七（昭和二二）年に御料林が国有林になるまで下賜されてきた。

ここで御下賜金についてのエピソードに触れよう。御料林問題の解決に取り組んできた郡内町村長や関係者の労に報いるため、宮内大臣は「特別御下賜金」を交付した。無私の心で、しかも無報酬で奔走した広助にも「特別御下賜金」が下された。ところが、広助は負債を抱えた親類の連帯保証人になっていたので、銀行は「特別御下賜金」を差し押さえてしまった。この事実に、宮内省と長野県はおおいに怒り、広助をかばった。それでようやく広助に「特別御下賜金」が渡ったのである。

国道一九号と妻籠宿からの中山道が交わる地点に城山がある。この城山頂上に、一五八四（天正一二）年に徳川軍と木曽勢が戦った妻籠城址がある。妻籠宿から城山へ車一台がやっと通れるほどの細い上り坂を登っていくと、「妻籠城址」の看板が山道脇に現れる。この看板のそばに車を置き、ここから約一〇分間山道を登ると、妻籠宿が一望に見渡せる城山頂上につく。

この広場にいくつかの石碑が建っている。一段と大きい碑が、広助が御下賜金を記念して一九二〇年一〇月に建てた「木曽谷恩賜金由来の碑」である。御下賜金を各村が受け取れるように粉骨砕身した広助が建てた記念碑だが、この碑の存在をどれだけの人が知っているか疑問である。私利を顧みず木曽谷の人びとの暮らしに尽くした島崎広助の名は、今後とも大きく顕彰されなければならないだろう。

# 第3景

# 川狩りの終焉

## ――木曽川木材運搬史

秋田県の秋田杉、近畿地方の紀伊山地の吉野杉、そして木曽谷の木曽檜は、日本の三大美林として知られている。

ここでは、木曽式伐木運材法《きそしきばつぼくうんざいほう》による川狩りが森林鉄道の建設によって衰退していく経過を追っていこう。

# 1 木曽式伐木運材法

## 川による木材運搬

手前はたんば桟手、後方はそろばん桟手（長野県木曽山林高等学校所蔵）

本流や大支川で流送される大川狩りの木材は、八百津町錦織《にしこおり》（現加茂郡八百津町）や下麻生《しもあそう》（岐阜県川辺町）の綱場《つなば》まで一本ずつ管流《くだなが》しされた。各綱場で集められた木材は筏《いかだ》に組まれ、名古屋市熱田の白鳥や伊勢方面まで運ばれた。まず、木曽式伐木運材法について概略を述べよう。

### 山落し

最初は集材作業で、「ボサ抜き」ともいわれた。伐採された原木を、運材地点付近まで小丸太を「コ口」にしてその上を転がしたり、大材を綱で吊り下げたりして谷筋に集材してくる。

その後「山落し」で、木材を「修羅《しゅら》」や「桟手《さで》」の上を滑走させ、滑走してくる木材を「留《とめ》」や「臼《うす》」などの構築物でいったん止めたり滑走方向を変えたりして、沢まで搬出する。滑走してきた原木を一時的に貯めておくところが「留」で、水を湛《たた》えた留めは「溜」と書いた。木材は「留」に多くとめられた後、順次下方に送り出した。「臼」は、修羅や桟手によって滑走してきた方向を変える装置である。上から滑ってきた木材が臼に当たると、自重で方向をほぼ直角に変え、さらに下に滑っていく。滑走してきた木材を臼で方向を変える技術は、長年の経験から生まれたすばらしいものである。

木材の方向を変える臼

木材を滑走させる滑走路には「修羅」と「桟手」の二種類がある。「修羅」は、勾配《こうばい》が緩やかな場所や桟手を用いることができない場所に、小さな丸太を谷筋に沿って半円形溝状に配列したものである。「桟手」は、枝を組んだ構形のたんば桟手（吉野地方の呼び名）や木材を横に並べたそろばん桟手があった。これら滑走路は、斜面の勾配によって使い分けられていた。修羅が五〜一五パーセントの勾配で、桟手は一五〜三五パーセントの勾配で用い、三〇〜五〇パーセントの急勾配ではたんば桟手に土を

五枚の修羅が設置された場所

かぶせて、土の弾力性を利用して制動した。

このような経験的に考えついた簡単な装置を使い、伐採地から集められた木材をあまり傷めることなく、急傾斜地から水辺へと運搬した。

## 川狩り

「川狩り」とは、木材を川流しで運搬することである。「山落し」で谷川の岸に集められた木材は、乾燥させて軽くなるのを待ち、小谷狩りで王滝川・飛騨川・木曽川の本流まで狩り出された。小谷とは本流の大谷に対して支流のことを指す。

上流部の小谷狩りで多く用いられた手法は、「堰出《せきだ》し」であった。流送する木材で川の中に堰をつくり、堰の上・下流に水位差を発生させ、堰中央部の「簗口《やなぐち》」から木材を下流の修羅へ誘導し、その材を用いてさらに下流に堰をつくり、順次上流の堰を取り壊して流下《りゅうか》させる方法である。

木曽郡上松町の赤沢美林から流れている小川には、小谷狩りの名残りである「留堰跡」の「まないた岩」や修羅を重ねて木材を流送した「五枚修羅」が残っている。

小谷狩りで支川から狩り出された木材は本川に運ばれ、水量が少なくなる秋から冬にかけて、本川の大川狩りで一本ずつ「管流《くだなが》し」された。

上松町から二六キロ下流が南木曽町である。南木曽町で木曽川の川幅が一番広いところに桃介橋が架かってい

桃介橋下流左岸にある「川狩りの碑」

る。この橋の下流左岸に「川狩りの碑」がある。

立て看板の説明によると、この碑は一七九九（寛政一一）年に記されたもので、石には、木曽木材奉行の野呂徳厚と磯谷政房、木材方内詰手代の橋本茂雅、目代《もくだい》（支配人代理の地方官）四人、三留野の宿年寄二人、錦織方の三人の名が記されている。

川狩り人夫は、木材が岸辺に留まったり岩に乗り上げたりしないように細心の注意を払い、木材を流した。しかし、時として思いもかけない大水が出ると、多量の木材が流失した。これら流失した木材を役所に届け出ると報奨金が出たが、拾った木材を隠し、ほとぼりがさめてから、家屋の補修や改築に使用する人びともいた。

木曽谷では、こうして古くから木曽式伐木運材法が用いられ、伐採された木材が沢まで「山落し」で運ばれ、沢から本流までは「小谷狩り」で本流の王滝川や木曽川まで運ばれた。本流では一本ずつ「管流《くだなが》し」で木材を流す「大川狩り」で、木曽川下流の錦織綱場《にしこおりつなば》（岐阜県可児郡）まで流送した。綱場に集められた木材は、ようやく筏に組まれ、遠く名古屋の白鳥や桑名まで流送されたものである。

## 【コラム】岩出《いわで》観音と絵馬

岩出観音は、木曽郡大桑《おおくわ》村大字須原の伊奈川《いながわ》橋右岸側の山肌に建っている。

一八四二（天保一三）年ごろに、歌川広重《うたがわひろしげ》と渓斎英泉《けいさいえいせん》の二人の浮世絵師が製作した「木曽街道六十九次」のなかに、英泉の「野尻　伊奈川橋遠景」がある。轟々と流れる伊奈川とそれに架かる跳《は》ね橋、さらに左隅の山には岩出観音が描かれている。木曽川に注ぎ込む支川は勾配が急で、当時は中山道に架けられた多くの橋が橋脚を使用しない跳ね橋であった。

尾張藩はこの伊奈川に架かる橋を重要視して、この地に農家四家を配し、伊奈川の出水の際には橋の架けはずしに備えさせた。

古くは両岸に大木を三重《さんじゅう》に挟み、その中間に大木を渡した全長約四九メートルの橋だったが、その後、両岸を石で組み約二九メートルの橋とした。英泉が描いた橋はこの橋であるが、一八八六（明治一九）年の新道開通とともに伊奈川橋が架橋され、ようやく安全な橋となった。

伊奈川橋のたもとにある岩出観音は、日義村の岩華《いわはな》観音、開田村の丸山観音とともに木曽の三観音である。火災に遭い、一八一三年に定勝寺《じょうしょうじ》（木曽郡大桑村）一九代住職によって再建され、一九八三年に大修理がおこなわれた。

岩出観音は別名伊奈川観音・橋場《はしば》観音と呼ばれ、山肌に建てられた観音堂は京都の清水寺によく似た懸崖《けんがい》造りで、小さいが立派な建築物である。

天正年間（一五七三〜一五九二）、村人が田を耕しているとき偶然に銅製の馬頭観音を見つけて祀ったのが、

岩出観音、手前は伊奈川大橋

岩出観音の始まりと伝わっている。また、当地の説明文には次のような話が記されている。

須原に住むひとりの老人が、馬の沓《くつ》をつくる商いをしていた。ある日、威厳めいた侍が馬の沓を求めたが、片足分しかなく、老人は残りの片足分をさっそくつくって渡した。そこで侍が代金を払おうとしたところ、老人はいっさいそれを受け取ろうとしなかった。すると侍は、傍らの木片に「馬頭観世音菩薩」と書き、「この木片を入れた観音像を造り祀ると、この土地に良い馬が育つであろう」と言って、現在の岩出観音の場所をあごで示したという。いかにも馬の産地らしい伝説である。この観音は、以後近隣の人びとの信仰を集め、立派なお堂も建てられた。

観音様の縁日、一月一七日と二月の初午には、遠くから多くの馬を飼っている人びとが参拝に来るようになり、現在もこの両縁日に祭りが開かれている。

観音堂の格子天井には彩色の花鳥図が描かれ、内部に六一枚もの絵馬が保存されている。多くの絵馬のなかに、一八五二（嘉永五）年の「木曽式伐木運材絵図」がある。管流《くだ》しされた木材が岩や岸に乗り上げないように操作している人夫たちや、その絶妙な仕事ぶりを川沿いの道から眺めている旅人の姿も描かれ、当時の活気あふれる川仕事の様子が伝わってくる。

## 2 綱場から河口までの筏輸送

綱場《つなば》は、大川狩りの最終地点にある。上流から一本ずつ管流《くだ》しされた木材をいったん貯留する施設で、ここで集められた木材は筏に組み立てられ下流に輸送された。

綱場では数万石（木材の一石は〇・二八立方メートル、米の一石は〇・一八立方メートル）の木材を貯留する場合もあった。そこで、洪水によって河川が氾濫した場合にも木材の貯留機能が期待され、川幅が広くて深くさらに流れが穏やかな長い区間が続く場所が選ばれた。

### 錦織綱場と下麻生綱場

錦織綱場が設置された正確な年代は不明であるが、鎌倉時代後期の一二八五（弘安八）年に伊勢神宮周辺の神路山《かみじやま》が荒廃したため、伊勢内宮造営の杣山《そま》を木曽山に移す提案がなされたことが記されている。これが木曽山からの伐採を記録した文献の初出であるが、ここには綱場という表現は見えない。しかし、一四二一（応永二八）年に鎌倉の円覚寺が焼失し、翌年一〇月一六日付けの再建用材を木曽山から狩り出す円覚寺文書に、「造営材木筏一〇〇乗を錦織から運ぶ」と記されており、これが錦織綱場の文字が現れる文献の初出である。「乗」は筏の個数の単位であり、この室町時代にはかなりの規模の綱場が設置されていたことをうかがわせる。

織田信長が本能寺の変で倒れ、代わって覇権を握った豊臣秀吉は、錦織綱場を犬山城主石川備前守貞清に治めさせていた。一六〇〇（慶長五）年の関ヶ原の戦いを経て徳川治世になると、山村代官が一六六五（寛文五）年の林政改革まで錦織綱場の支配を続けた。その後、尾張藩が錦織役所に錦織奉行（木材奉行）を置き、木材の運上徴収と綱場の管理、木材の保安と筏送りの調整など木曽川運材いっさいの業務をおこなった（本書第2景参照）。

一方、飛騨川での川下げ（木材を川輸送で下流へ流送すること）については、飛騨一国を支配した三木氏が一五二八年に川下げ木材に対して通行税の川役銀を徴収しており、このころにはすでに川下げをおこなっていたことがわかっている。

一五八六(天正一四)年、秀吉は三木氏を破った金森長近に飛騨の国を与え、当地が幕府直轄領となる一六九二(元禄五)年まで、金森氏が飛騨を支配した。なお、下麻生綱場に関する文献の記述は、織田信長が一五六七年一二月に下麻生在住の長谷川三郎兵衛に榑木座《くれきざ》の独占権利を与えた朱印状のなかに残っている。

木曽山、飛騨山の川下げ材の川役銀は、流送が開始された当初より、木曽川の錦織関所では木材一〇本に付き一本、飛騨川では上流の金山役所と下麻生関所の二か所で六本に一本の割で川役銀を徴収していたが、秀吉がこの税を廃止した。

下麻生の尾張藩川並役所は、奉行手代と代官手代を各一名置いて管理していた。しかし、一六九二年以降飛騨が幕府領となり、幕府用材への川役銀（通行税）が免除されたので、下麻生役所の役人は常駐する必要がなくなり、その業務は問屋に任されることになった。

一八七一（明治四）年の廃藩置県で錦織役所は名古屋藩に受け継がれ、翌年一時は木材商の鈴木某に払い下げられたが、一八七六年に内務省地理寮（山林局）が買い戻し、再び官営事業として管理運営された。一八八九年三月には、御料局木曽支庁の所管になり、六年後に名古屋支庁の所轄となった。

錦織綱場での作業風景、中央の建物が木材役所（八百津資料館所蔵）

## 綱場の構造

旧八百津発電所（岐阜県加茂郡八百津町）の上流は、両岸から岩盤が迫り出した狭窄部《きょうさくぶ》となっており、蘇水峡の名で知られる。この狭窄部下流で両岸が一気に広がるところに錦織綱場があった。跡地は旧八百津発電所の対岸（左岸）にあたり、一九七四年に運用を停止した八百津発電所は現在資料館となり、ここに錦織綱場の資料も展示されている。

綱場は次のように設けられた。

まず、狭窄部の巨岩から下流左岸の砂礫《されき》地に打ち込んだ杭に本綱を張る。本綱は周囲約一メートル、全長約四〇〇メートルである。秋・冬に伐採した白口藤の蔓《つる》を使用して、二本の蔦をより合わせて一本（作個《つくりこ》という）に、二本の作個をより合わせて一本（小合せ）にする。さらに、小合せ二本から綱をつくり、この綱を二本より合わせてようやく本綱となる。これを四列並行にしてさらに編み上げ、約一メートルごとに結束し、この藤蔦《ふじつた》の綱が水中に没しないように綱の下に浮力用の鴨筏を並べた。

本綱は流水の圧力を受けるので、岸の高所に打ち込んだ張場杭から本綱へ二一本の手安綱《てやすづな》を張り、さらに本綱の位置を固定するために対岸から控え綱を四本張っていた。本綱は四筋のうち二筋を毎年新調して安全を図り、架設は水量の安定する一〇～一一月におこない、翌年の三～四月に大川狩りが終了すると撤去された。

錦織綱場の川幅は、平水時には狭いところで七〇メートル余、広いところはその二倍くらいであったが、出水時にはさらに平水時の二倍にもなり、水位も流量によって六メートル以上も増加した。このように出水時には川幅も水深も大きく変わる。したがって、洪水時での木材流出を防ぐため、本綱の末端の河原に、奥行き一八〇メートル・平均幅六三メートルの空間を設け、長さ四五センチの丸太を一五センチ間隔に地中に埋め込んだ馬蹄形の「杭所（あるいは袋綱とも呼んだ）」をつくり、不意の出水時に木材をここに誘導して流出を防いだ。

木材役所跡に設置された案内板に、「一九〇七（明治四〇）年ごろの最盛期には、約一〇〇〇人が筏の組み立てや筏乗りに常置した」と、記載されている。作業員の年齢層は一六歳から最高七六歳と幅広く、作業員は能力に応じて六段階に分けられ、筏乗りは三〇歳ぐらいの人が多く、高齢者は筏の組み立てに従事したという。

この筏下りも、一九一〇年の中央線（中央西線）の開通によって、木曽川での筏による木材流送は徐々に衰退し、ついに一九二四（大正一三）年の大井ダム完成とともに、錦織綱場の機能は完全に消滅した。

一方、下麻生綱場は錦織より川幅は狭いが、綱場としての条件を備え、綱は錦織と同様に白口藤・蔦でつくっていた。その太さ二四センチ、長さ一〇〇メートル、目方三九〇キロの藤綱を五五本から六五本張った。一日に通常四五乗の筏が綱場から出され、綱場には膨大な木材が貯えられているため、綱場の本綱を支える綱は、一本が太さ約一〇センチ、長さ約七五メートルで、目方は約五六キロもあった。

その後、下麻生綱場では下流に川辺ダム建設が持ち上がり、ダム建設中には魚の通り道である「魚道」ならぬ「流木道」が設置されていたが、国鉄（現ＪＲ）による木材輸送も軌道にのり、一九三七（昭和一二）年に川辺ダムが竣工すると、木材流送は廃止された。

## 川狩りの終焉

木曽式伐木運材法や綱場などの流送施設も、鉄道輸送の時代になると急速に衰えていった。一九〇七（明治四〇）年代には中央西線が建設に入り、中央西線開通後は東京方面へ輸送する木材は、これまでのように大川狩りと筏輸送で白鳥貯木場へ輸送せずに、直接中央線で運搬するほうがよいという意見が高まった。一九一〇年一〇月には中央線が上松まで開通した。この開通によって、季節によって変化する川の流水量に制限されず、損傷や流失もなく原木を運搬できることになった。さらに川輸送から陸輸送に変わる決定的な要因は、木曽川水系に名古屋電燈株式会社が発電用ダムの建設を予定しており、事実上川狩りができなくなったことであった。そこで、小谷狩りをおこなう代わりに森林鉄道で中央線に接続し、大川狩りを廃止して鉄道で木材を運搬する時代に入っていったのである。

木曽谷で最初の本格的な森林鉄道となった小川森林鉄道が、上松を起点に建設され、木材搬出に大きな成果を上げた。そこで小川森林鉄道が竣工した翌年の一九一七年度から、木曽川右岸の上松の鬼が淵停車場から王滝村氷ケ瀬に至る王滝森林鉄道も敷設されることになった。こうして、帝室林野局の各出張所で森林鉄道や森林軌道がつぎつぎと敷設された。

なお、川狩り費用は一里（三・九キロ）一石（〇・二八立方メートル）につきわずか一銭前後で、汽車運賃よりはるかに安かったが、小谷狩りと大川狩りで損傷または流失する木材の数量は毎年平均五パーセントにものぼり、この損料を考えると、汽車輸送のほうが安くなった。こうした経済性もあり、時代の流れとともに、大正時代の末までに古来の木曽式伐木運材法はほとんど姿を消したのである。

## 【コラム】筏師と筏の回漕

一八九一（明治二四）年に、根尾谷（岐阜県本巣市）を震源地に、マグニチュード八・四の濃尾地震が発生した。死者は七二七三人を数え、岐阜県では全家屋の四三パーセントが全・半壊した。この地震による多くの罹災者《りさいしゃ》の復旧用建築材を供給するため、翌年に木曽御料林から五万四二九〇本の立木が伐採された。

ここでは、一八九八（明治三一）年から一九一二（大正元）年までに木曽川で流送された筏の数と当時の筏の回漕方法について触れていこう。

御料林出材の資料は一九〇七年までしかないが、一八九八年の三七三七乗から九年後の八〇〇〇乗まで、毎年ほぼ一定の割合で筏での流送が増加していった。一方、民有材出材は一八九八年に一万三四四乗と御料林出材より約三倍近くとはるかに多く、三年後の一九〇一年には二万三三三四乗と増加した。その後、一時約一万四〇〇〇乗に減少するが、ふたたび一九〇六年に最大二万六八四九乗を記録している。

当時の筏師

民有材出材が一九〇一年までに増加した理由は、一八九五年に終結した日清戦争後の需要の拡大に起因するもので、一九〇六年の記録的な筏の流送数は一九〇五年に終結した日露戦争後の景気上昇によるものと考えられる。

なお筏一乗の体積を三二石とすると、木材の一石は〇・二八立方メートルであるから、筏一乗の木材の体積は約八・六立方メートルである。最も多く流送された一九〇六年の民有材出材量を換算すると、実に約

激流を下る筏

二三万立方メートルとなり、ナゴヤドームの容積一二五万立方メートルの約五分の一にもおよぶ莫大な量が流送されたのである。

錦織や下麻生を出発した筏は、鵜沼《うぬま》（岐阜県各務原市鵜沼）の清水巻《しみずまき》や犬山に着いた後に白鳥《しらとり》（名古屋市熱田区）や桑名へ運ばれた。大正時代（一九一二〜二六）、錦織の筏師は若手《てこ》と二人で、流れが穏やかなときは午前三時ごろ、水量が多く流れが速いときは午前六時ごろに出発した。まだこの時間は暗く、月夜や晴れた日は川筋が見えたが、曇り空のときは、川筋が見えないので山の稜線や川の白波を頼りに水路の検討をつけて楫《かじ》をとり流れ下った。なお、他の筏師のタバコの明かりで一瞬方角を見失うことを恐れ、筏の操作中での喫煙はいっさい禁止されていた。

親方（親子の場合は親）は楫を取る後方の艫《とも》に、若手は前方の舳《へ》に乗った。途中、現在の可児市土田《どた》付近で若手は約一九キロもする自分専用の楫を担いで筏を降り、岸で質素な食事をとった後に錦織に帰り、翌日乗る筏を支度するのが常であった。なお、一九二一年ごろの土工人夫の日当が五

○銭のとき、筏師二人の日当は五円で、親方が四円、若手の新米は一円で二年目から一円五〇銭であった。

若手を降ろした親方は、一人で筏一枚を操るのは危険なので、気の合った筏師とお互いの筏を連結し、藤蔦でしっかりと固定して漕ぎ下った。目的地に着くと筏改めを受けて役人に引き渡し、証明書を受け取って棹を担ぎ陸路錦織へ帰った。このように錦織からの筏一枚に二人の筏師が乗ったが、下麻生の筏には三人の筏師が乗ったと記録されている。

犬山や鵜沼に運ばれた筏は二枚連結され、ここからの木曽川は川幅が広く平野を穏やかに流れる川となるので、一人の筏師によって笠松の円城寺《えんじょうじ》（岐阜県岐南町円城寺）へ流送された。円城寺からは筏六～八枚を連結して一人が受け持ち、八人の筏師が一団となって、ようやく筏は白鳥や桑名へ回漕された。なお、これら一団の筏は「一小屋《ひとこや》」と呼ばれ、一団の前後には途中で宿泊する船を一艘ずつ付け、各自の寝具や一〇日間ぐらいの食料を積み込んでいた。

白鳥貯木場へは、いったん海部《あま》郡で役人の検査を受け、その後木曽川から筏川《いかだがわ》を下って海上に出た。そして満ち潮を利用して堀川を遡《さかのぼ》り、白鳥貯木場に到着した。円城寺から白鳥間の往復は順調にいけば約八日で、海上の天候が悪いと二、三日は余分に天気待ちが必要であった。一方桑名への流送は、木曽川と長良川とを結ぶ船頭平閘門《せんどうひらこうもん》（愛知県海部郡立田村福原）を通過して長良川へ出て、さらに長良川下流で揖斐川に出て桑名へ回漕した。

## 【コラム】どっこい残った鬼淵鉄橋

日本最初の森林鉄道は、一九〇九（明治四二）年開業の津軽森林鉄道だが、一九一三（大正二）年に着工された小川森林鉄道は最大規模の森林鉄道であった。この小川森林鉄道線は上松駅から出ると左にカーブして木

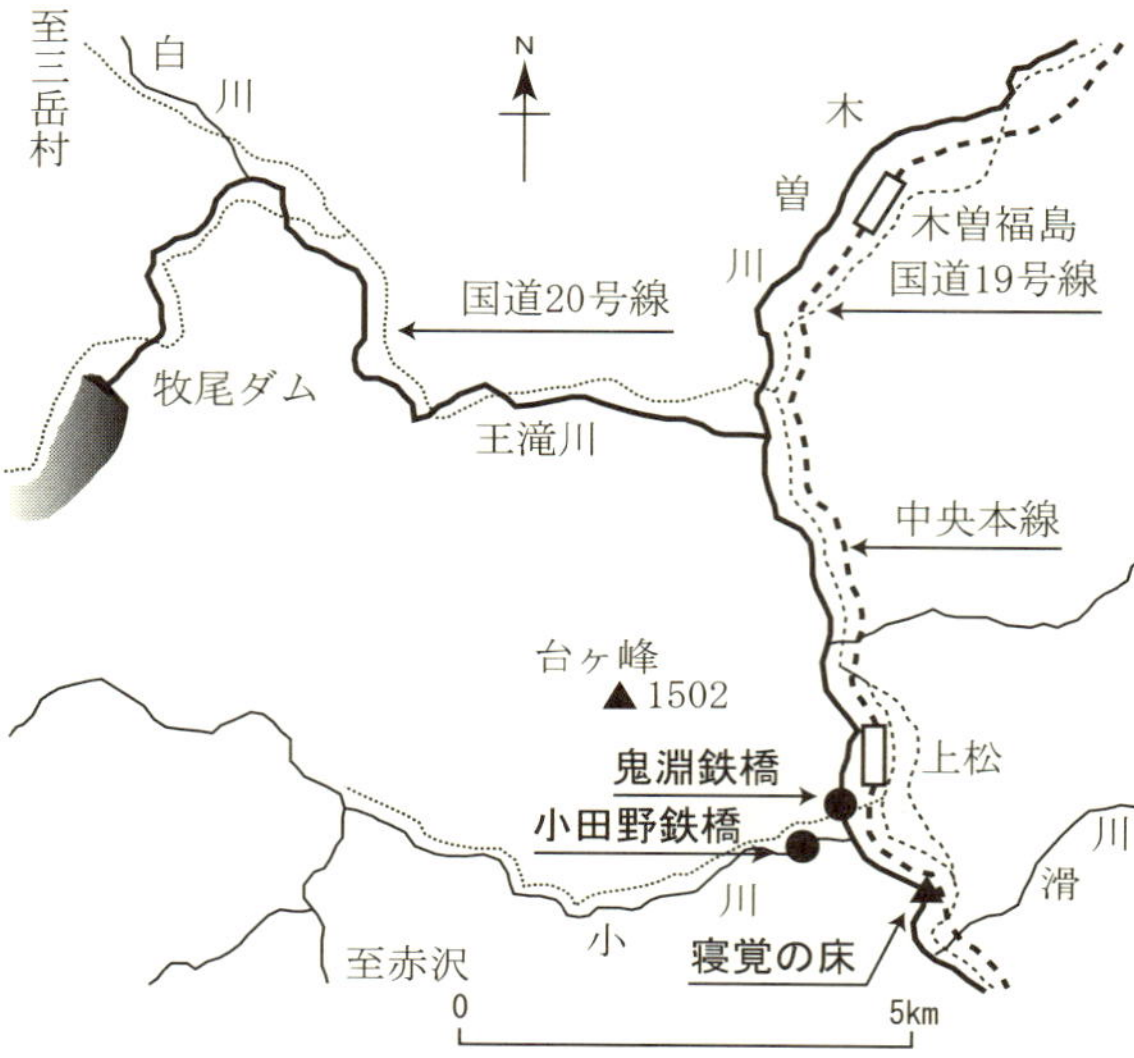

鬼淵鉄橋付近の地図

曽川を渡り、小川森林鉄道と王滝森林鉄道とに分かれるが、この木曽川を渡るところに架けられたのが「鬼淵鉄橋」である。

鬼淵鉄橋は、一九一四年に横河《よこがわ》橋梁製作所（現横河ブリッジ）が工事を担当し、樹木が両岸に覆い被さるように茂り、深い瀞《とろ》をつくっていた鬼淵に架けられた。橋長九三・八メートルで、上松側から長さ二四・四メートルの単純上路トラス、長さ五四・九メートルの単純下路トラス、長さ一二・九メートルの単純鈑桁《たんじゅんはんけた》の三連からなる橋で、設計は宮内省技師三根奇能夫《みねきのぶ》だった。トラスとは、細い部材の組み合わせ構造で桁橋を支える形式のことで、トラスの特許をとった人の名を冠し、ハウトラス、プラットトラス、ボールマントラスなどさまざまな形式が考案されている。鬼淵鉄橋ではプラットの考案したプラットトラスが用いられ、森林鉄道が廃止されてからは、道路橋としてつい最近まで使用されてきた。

このわずか一〇〇メートルにも満たない橋梁建設費は四万三九八円になり、小川森林鉄道総延長一九・四キロの工事費四七万九〇〇〇円の八・四パーセントを占めており、難工事であったことがうかがわれる。

一九九六年一月の雑誌「橋梁と基礎」に、太田哲司が「忘れられた森林鉄道の橋」と題して鬼淵鉄橋を紹介し、この鉄橋が一躍脚光を浴びた。太田の文を引用すると、「当時トラス橋の輸入が中止され、国内の技術で設計・製作されるようになった時期であり、現存する明治から大正初期のトラス橋の中でもわが国で製作され

昭和 30 年代の鬼淵鉄橋を渡るボールドウィン機関車

たものの中では特筆されるべきもの」と述べている。また、鬼淵鉄橋のプラットトラスの格点《こうてん》が当時のピン構造ではなく一九一四～一五年ごろから採用されはじめたリベットで結合されていた点を重視し、「格点剛結構造を採用したのは時代を先取りした設計である」と絶賛している。

なお橋脚は、橋台を設置する岩盤面をコンクリートで平らにした後、切石積みで直接橋台と橋脚を設置している。一九七五年に、林道橋「鬼淵橋」に改造され、下部工がコンクリートで覆われ切石積み橋脚は見られないが、上部工は軌道がコンクリート床板に変わっただけで、まだ当時の姿をとどめている。

この鉄橋に平行して新しい橋が一九九六年九月に建設され、翌年には新しい橋と架け替えるために撤去され

読売新聞　2001年4月1日
近代化遺産
ろまん紀行 102
木曽森林鉄道
保存運動で残った名橋
純国産、全長94m
雄大なトラス橋

鉄橋の保存を伝える記事（「読売新聞」2001 年 4 月 1 日）

る予定であった。ところが、歴史ある鬼淵鉄橋の撤去計画が町から発表されるや、太田の報告によって鬼淵鉄橋が本格的な森林鉄道の橋梁であることを理解していた地元民は、森林鉄道への熱い思いをよみがえらせたのである。

会社員の尾崎文雄、その兄で高校教員の楯英雄、営林署OBの古沢貞雄と伊藤国男、建て替えに反対する原貫道の五人が「鬼淵の鉄橋を残す会」を発足させ、尾崎を中心に「森林鉄道の大切な遺産」さらに「山作り、物作りのシンボル」として、鬼淵鉄橋を残す運動を開始した。

この運動は徐々に地域住民の関心を引き起こし、一九九六年一一月二九日に「長野日報」(木曽版)に取り上げられたのをはじめ、同年一二月一〇日には、「長野日報」(木曽版)、「中日新聞」(中信版)、「信濃毎日新聞」と三紙に同時に取り上げられた。この間、「残す会」の会員による意見を集約して、一二月三日〜一二月一四日まで一〇回にわたり、「長野日報」に「鬼淵鉄橋の保存について」という連載記事も掲載された。

静岡県には「大井川鉄道」が保存されており、多くの人びとが機関車に乗って車窓から大井川の流れや山々の風景を楽しんでいる。

上松町にも、すでに一九六五年の小川線廃止当時、森林鉄道を保存して町の観光資源にしようと考えた人がいた。ただ残念にもこの考えは日の目を見ることがなかった。そこで、先人の遺志を鉄橋保存運動につなごうと、「残す会」が新聞折込み広告までおこなって住民の意思を統一した。一九九七年六月、ついに町議会は「鬼淵鉄橋の撤去案」を白紙撤回し、さらに小川の小田野に架かっている「小田野橋梁」も修復・維持・管理をおこない、「近代化産業遺産」に登録することになったのである。

# 第4景

# 海の道、陸の道

# 1 河口を渡る海の道——七里の渡し

徳川家康は一六〇一（慶長六）年に五街道の宿駅伝馬制の整備をおこなった。そのひとつ、江戸日本橋から京都三条大橋までの東海道には、熱田から桑名へ渡海する海上航路があった。

通常このルートは「七里の渡し」と呼ばれているが、潮の干満や天候によってさまざまなルートがあり、また、大小の河川から流出した土砂が堆積してできた砂洲《さす》と海沿いでの新田開発によって、航路が中断されたり廃止されたりもしている。

ここでは名古屋市の鶴舞図書館が所蔵する「熱田より桑名迄　海上絵図」に描かれている航路を参考に、海岸沿いの鍋田川筋と海上航路による七里の渡しを見ていこう。

## 海岸沿い航路——鍋田川筋

「熱田より桑名迄　海上絵図」は、製作年代が不明であるが、絵図が描かれた時代を特定すると、使用されていた航路の時代も判明する。

『「七里の渡し」考』の筆者、野田千平は詳細な検討を加え、この絵図は

宮の渡し

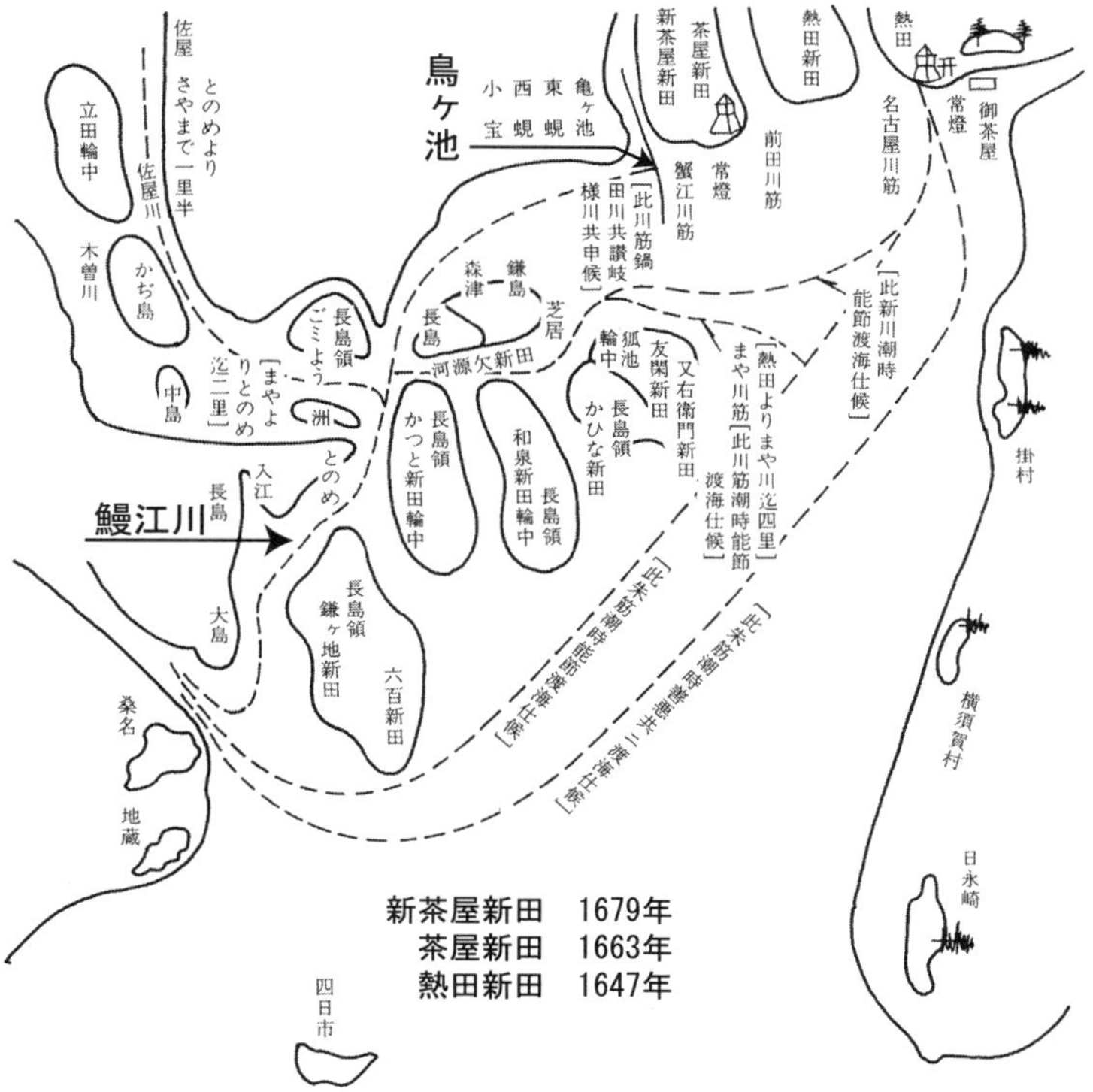


**熱田から桑名迄　海上絵図（『「七里の渡し」考』に加筆、鶴舞図書館所蔵）**

一六九七（元禄一〇）年ごろから一七〇七（宝永四）年ごろに作成されたと推定し、当時の沿岸地帯での新田開発や河川の状況から、その時代に各航路がどのように機能していたかを推察している。

野田は、明治の木曽三川改修の第一期工事（一八八七～九五）で閉め切られた筏川を当時は鍋田《なべた》川と呼んだのではないかと推測している。鍋田川には「境川」と「相《あい》ノ川」の二つの分派があり、尾張と伊勢両国の境の意味をもつ「境川」は新田開発によって川の機能を失い、一七五四(宝暦四)年に閉め切られ、主流であった「相ノ川」も一八七八～八四年（明治一一～一七）に閉め切られた。ここでは、野田説を採り、筏川を「鍋田川」と解釈したい。

鍋田川筋の航路は、桑名を出て桑名川（現揖斐川）を横切り十万山《じゅうまんやま》（現長良川河口堰付近の葦が茂っている中洲）の間を抜け、長島の殿名《とのめ》付近（現長島町内の国道一号木曽川付近）の鰻江《うなぎえ》川に入り、上流の木曽川本流に出る。ここは佐屋川の流入点で木曽川に架かっている国道一号の尾張大橋あたりである。そこから森津と前ケ須の間を通り、鍋田川を下り鳥ケ地（絵図の写しには「鳥ケ池」と書いてある。現愛知県海部郡十四山村）で終わっている。そこからの渡しは、鳥ケ地から海岸線に沿って熱田へ行っていた。ところが、絵図が描かれた時代には、沿岸部に大規模な新田が多数開発され、鳥ケ地から先の渡しはなくなっていた。

つまり、絵図右上の熱田新田は一六四七（天保四）年、その西側の茶屋新田は一六六三（寛文三）年、さらに新茶屋新田は一六七九（延宝七）年に開発されており、これらの新田開発によって、「鍋田川筋」の航路はしだいに廃止されていったものと考えられる。事実、一七四〇（元文五）年から一七四七（延享四）年ごろに描かれた絵図には、この航路は描かれていない。

海上絵図には「この川筋鍋田川共讃岐様共申す」と記されている。この記述から、高松の松平讃岐守がこの航路を通ったことがわかるが、当時、鍋田川筋の航路は通称で「鍋田通り」と呼ばれていた。この鍋田通りは、「…天気よければ舟中多景なり。風の気遣《きづか》いあらば鍋田へ乗るべし。…」と、この航路が絵図に描かれなくなったころの一七五二（宝暦二）年版「東海道分間《ぶんげん》絵図」に記され、外海の波を避ける安全な航路であったことをいまに伝えている。

鍋田川は、「一時に出水し、一時に減水する」川で、航路を維持するために何度川浚《さら》いをおこなってもすぐに土砂が堆積し、航路を妨げた。さらに新田開発の影響も重なって、鍋田通りは一七三〇（享保一五）年までは存在したが、一七四〇（元文五）年代には航路としての役を終えたのだろう。

### 潮の干満で航路を変えた海上の道

内陸寄りの他の川筋航路には、「まや川筋」と「新川筋」があるが、ここでは海上航路の「七里の渡し」を眺めてみよう。

海上航路には二航路あり、沖回り（外回り）の航路は九〜一〇里（約三六〜四〇キロ）で陸寄り（内回り）が七里（約二八キロ）である。

陸寄りの航路には「此朱筋潮時能節渡海仕候」、沖回りの航路には「此朱筋潮時善悪共に渡海仕候」と記されている。両航路とも「潮時」について触れており、陸寄りの航路は満潮時に航行する航路で、沖回りの航路は輪中や河口付近の砂洲を避けて沖を通るので、距離は長くなるが潮の干満に影響されない航路であった。

まずは長島（三重県桑名郡長島町）を流れていた陸寄りの内回り航路の青鷺川《あおさぎがわ》について述べていこう。

明治の木曽三川改修工事で新木曽川が開削されたことにともない、木曽川と揖斐川を結んでいた青鷺川は塞がれた。はじめは堤防だけで囲まれた大きな池になって残っていたが、一九三五（昭和一〇）年ごろ、蒸気機関のサンドポンプによって川跡へ土砂を吹き込み埋め立てられた。

この青鷺川の旧跡地に「東海道七里渡青鷺川旧跡」の碑が立っている。国道二三号が通る木曽川大橋右岸側上流の橋のたもとにひっそりと佇んでいるが、石柱の三面にわたってひとつづきの碑文が刻まれている。まずは各面をつなげて読んでみる。

「東海道中、桑名・宮間に舟航の別路あり。往昔之を七里の渡と称す。桑名港より本村松蔭《まつかげ》地先を廻りて宮に至るを外廻り又沖廻りと云い、青鷺川を経るを内廻りと呼べり。元青鷺川は福吉と横満蔵《よこまくら》の間を流れ、西揖斐川『間』（裏面につづく）「に東木曽川に通して伊曽島《いそじま》を南北に分ちしか。明治年間、木曽・長良・揖斐三川大改修

東海道七里渡青鷺川旧跡の碑

の為廃川となり、養魚に利用せしを昭和十一年埋立て田圃《たんぼ》を開き、今や全く昔影を止めず。父誠一曩《さき》（以前の意味）にこの旧跡を石に胎さんとし『遠』（右側面につづく）「て、躬《みずか》ら題字を録し彫刻既に成りしも、未だ竣功を見ずして逝《ゆ》けり。余《よ》則《すなわ》ち其志を経承して斯《こ》の文を追刻《ついこく》し、茲《ここ》に之《これ》を建つ。『渡』」と、この石柱には、七里の渡しの航路・青鷺川の盛衰とこの石柱建立の趣旨が書いてある。なお、石柱三面に大きく書いてある文字『間』『遠』『渡』すなわち「間遠渡し」は青鷺川を渡る七里の渡しの別名である。（ここでは表記の便宜上、全文のカタカナをひらがなに直し、句読点や区切り点を補い、各面の下に大きく書いてある一文字の漢字を『　』で囲った。）

　野田の考察を参考にすると、この航路の道筋は、桑名から桑名川（現揖斐川）を下り長良川河口堰付近の「十万山《じゅうまんやま》」を横に見て下り、福吉（現長島町内で長良川左岸）からいまは埋めたてられた「青鷺川」に入り、国道二三号の木曽川大橋右岸に出る。木曽川を渡り、対岸の木曽岬村内の「白鷺川《はくろがわ》」に入り鍋田川に出る。ここで対岸の弥富町鍋田干拓地内の「早川」に入った後に海に出る。海に出た船は、砂洲の間を抜け日光川、庄内川を通り抜け、現在の堀川を上って内田橋近くの常夜灯に着く。

　外回りの航路は、「早川」から出た後、砂洲や浅いところを避けて大きく各河口を迂回して航行していた。

　一口に七里の渡しというが、その時代の河道の状況や新田開発によって大きくその航路も異なっていたのである。また、航路変更によって、船乗りの労働作業や時間に変化を及ぼし、新田開発者と船乗りとの間では、トラブルが発生した。

七里の渡しは一八七二（明治五）年に廃止された。これ以降、東海道が陸路として整備されはじめたのである。

## 【コラム】熱田港の常夜灯と時の鐘

熱田宿は宮宿《みやじゅく》ともいい、桑名宿への七里の渡し場があり、脇街道の美濃街道や佐屋街道への分岐点でもあった。一八四三（天保一四）年の調査によると、熱田宿の戸数は二九二四戸、人口一万三四二人で、東海道五三宿のうち戸数で四位、人口で三位、旅籠屋《はたご》は二位の桑名の一二〇軒をはるかに引き離した二四八軒で第一位という大きな宿場であった。

熱田港の常夜燈と「時の鐘」

一六一六（元和二）年、熱田港から東海道五十三次の道中として渡しが始まった。港は熱田奉行が船奉行を兼ねて管理し、その配下に出入りの船舶、旅人、貨物の検索をする船番所があった。この船番所は一六五一（慶安四）年に由井正雪（一六〇五〜一六五一）の残党を取り締まるために設置されたものである。船番所の隣には、船年寄り以下の役人が旅人や荷物の継送をおこなう、船会所《ふねかいしょ》が設置されていた。

内田橋公園にある常夜灯は、一六二五（寛永二）年に犬山城主・成瀬正虎《なるせまさとら》が熱田須賀（現熱田区須賀町）の浜辺に建てたものである。一六五四年、一五〇メートルほど東の現在地に移されたが、一七九一（寛政三）年の火災で焼失した。その後、成瀬正典がこれを再建した。現在の常夜灯は、一九五五（昭和三〇）年に復元されたものである。

常夜灯は一般に、夜間の船の出入りを安全にするものであり、七里の渡しは午前六時から午後六時までであった。ところが、由井正雪が浪人を集めて倒幕を図った慶安事件の残党が、一六五一年に熱田から京都方面に逃亡する事件が発生した。これら残党を取り締まるため、事件以降、午後四時を過ぎると渡しは運航禁止となった。それ以来常夜灯は午後四時以降の船の出入りを監視する役目を担うことになった。

この常夜灯の隣には、一六七六（延宝四）年に第二代尾張藩主徳川光友が熱田神宮南の蔵福寺《ぞうふくじ》に設置した「時の鐘」がある。第二次世界大戦の際に鐘楼が焼失し、鐘だけ保存されていたもので、一九八三年四月に現在地に復元された。

# 2 陸の道と連携する渡し

熱田から桑名へ渡る七里の渡し以外に、熱田から陸路で佐屋に着き、佐屋湊（現海部《あま》郡佐屋町）と桑名とを結ぶ「三里の渡し」、そして前ヶ須湊（現弥富町）から桑名へ渡る「一里の渡し（ふたつやの渡し）」があった。ここでは三里の渡しと一里の渡しを通じて、それぞれの街道の移り変わりを見ていこう。

**佐屋街道の発達**

一六一五（元和元）年四月、徳川家康は大坂夏の陣に向かうために名古屋を出発、陸路で佐屋に向かい、佐屋から船で桑名に到着している。また、一六二〇年代に、三代将軍徳川家光《いえみつ》（一六〇四〜一六五一）が二度目の上洛をした折、往路は七里の渡しであったが、家光が船酔いに悩まされたために、帰路は航海距離の短い桑名から佐屋回りが利用された。佐屋街道の原型はすでに江戸時代以前からあったが、この時代にはまだ佐屋街道は開かれておらず、家康も家光も〝街道〟とは呼べない田舎道を通ったのである。

一六三四（寛永一一）年、将軍家光の第三回目の上洛に際して、尾張藩は藩をあげてこれまでの田舎道を佐屋街道に改修した。京都二条城からの帰途、家光は同年八月八日に桑名城に宿泊。翌九日、新設の佐屋街道経由で熱田に着いている。このとき、船頭平《せんどうひら》（海部郡立田村）に長さ五一一メートルに及ぶ船橋が架けられた。

佐屋街道は、熱田宿→岩塚宿（名古屋市中村区）→庄内川を渡る万場《まんば》の渡し→万場宿（同中川区）→神守《かもり》宿（津島市）→佐屋宿（海部郡佐屋町）の五つの宿を経て、佐屋湊から桑名へ至る街道であった。

一六六六（寛文六）年、佐屋街道は東海道の脇街道として勘定奉行支配下の街道となり、これ以降、五街道を管轄する道中奉行から各宿への触れに、「東海道、佐屋路とも」と、佐屋路が付記されるようになった。

金山総合駅近くに立つ「佐屋路の標石《しるべいし》」は、一八二一（文政四）年に佐屋の旅籠屋たちが建てたもので、ここから南を熱田、北を名古屋といい、西に佐屋街道がのびていたので、この地点は「三所《さんじょ》の境」と呼ばれていた。なお、熱田からこの地点までは美濃路との共用部分で、ここが佐屋街道の基点である。

熱田宿から佐屋宿までの陸路は約二四キロ、佐屋湊から桑名宿までは、佐屋川・木曽川・鰻江川《うなぎえがわ》を縫うように一二キロ下った。この道のりは七里の渡しの内回りより、二里ほど距離は長いが、天候悪化による船の欠航を心配することもなく、外海を通る危険や船酔いを避けることもできた。また大名の一行が通行する際に混雑で海路が無理な場合、安全性を買わ

佐屋路の標石

れて交通量は多かった。

## 三里の渡し

宿場が設置される以前の佐屋は、小さな宿が三軒ある程度の小さな村であった。しかし、宿場が設置されると宿は三一軒、本陣二軒、脇本陣一軒となり、尾張藩祖徳川義直《よしなお》の鷹狩の際に設けられた茶亭を改築した佐屋御殿もできた。

由比正雪の乱（慶安事件）を機に一六五三（承応二）年に船番所が、さらに一六九五（元禄八）年には佐屋奉行所が設置され、尾張藩西端の佐屋宿は陸路の佐屋街道の終点として、木曽川を隔てて伊勢の国に対峙する交通の

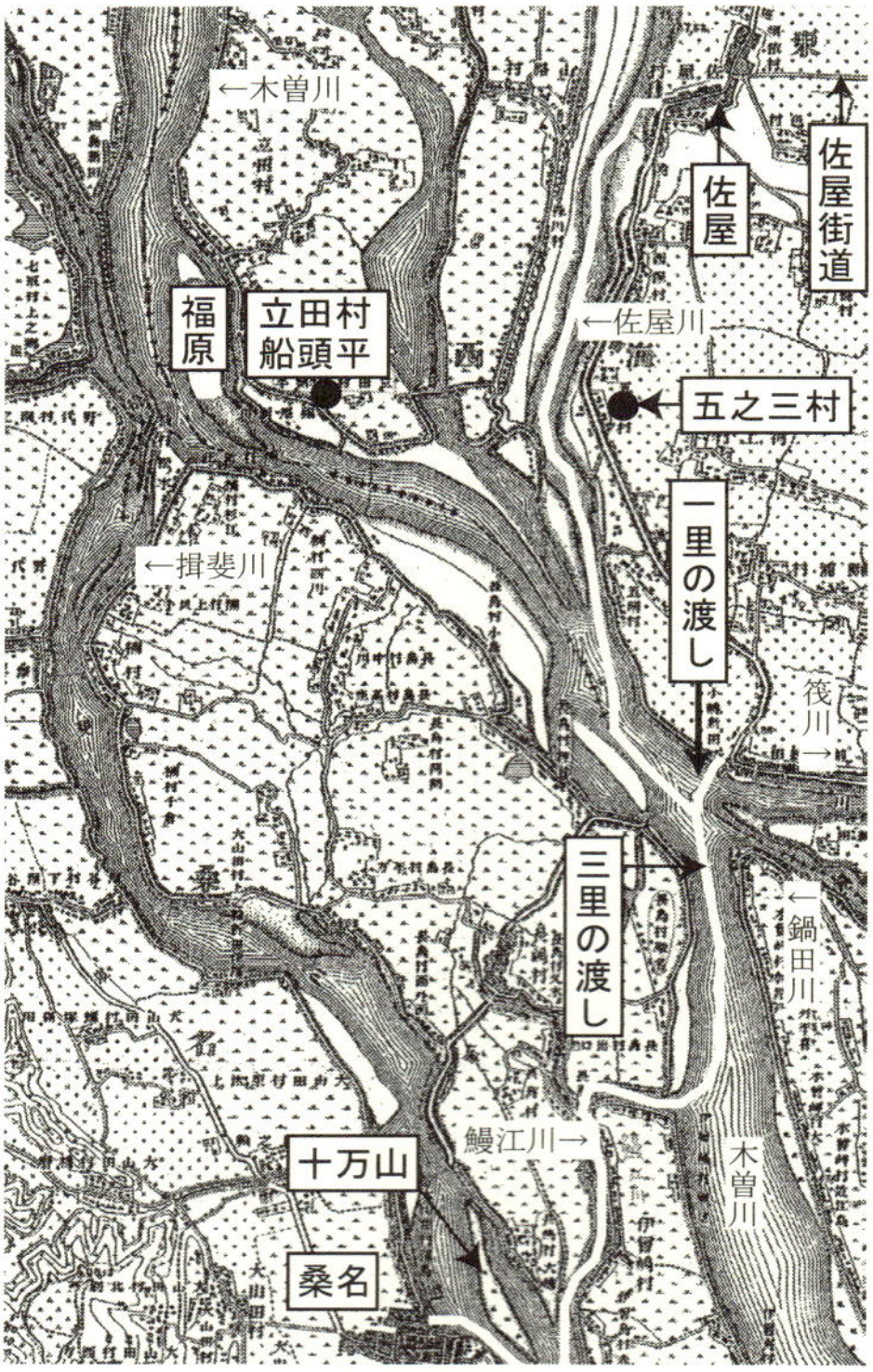


三里と一里の渡しの航路（1889〔明治 22〕年の地図に加筆）

要衝となっていった。

佐屋川は拾町野村《じっちょうの》（現祖父江町）で木曽川と分かれ、津島・佐屋と立田《たった》輪中との間を南流して前ヶ須（現弥富町）で再び木曽川に合流していた。

江戸時代後期になると、三里の渡しの水路である佐屋川は、上流から流入してくる土砂で川幅が狭められ、水深も浅くなって船の航行に支障が出るようになった。そこで佐屋宿は直接幕府に出向き川浚えを陳情した。川浚え金二四〇〇両を一七七五年に幕府から借り、川浚えをおこなったが、佐屋川への土砂の堆積は止まなかった。ついに一八四四（弘化元）年、佐屋湊は半里下流の五之三村（現弥富町）に出湊として川平《かわだいら》湊を開いたが、この湊は宿場と離れて不便なうえ、またここも砂の堆積が激しくなってきた。その後、佐屋宿を佐屋湊より一里下流の五明《ごみょう》（現弥富町）へ移転する案を、佐屋代官の尾張藩勘定所へ申請したが見送られ、実現することなく明治維新を迎えた。

一八六八（明治元）年九月、桑名城を出発した明治天皇は、佐屋川を遡上する予定であった。しかし、川底が浅くなって航行不能となり、急遽四万人の人夫によって浚渫《しゅんせつ》をおこない、ようやく川平湊に着き、その後佐屋川沿いに陸路で佐屋に着いている。この五之三村の川平湊は、一八七一年まで使用された。

この佐屋川は一八八七（明治二〇）年から始まった明治改修工事によって、拾町野村で閉め切られ、廃川となった。現在廃川跡の多くの土地は美田に変わり、かつての川底の一部を国道一五五号が走っている。

### 新東海道の開通と前ヶ須渡船

明治時代になると、人びとの往来が急激に増え、すでに船を使用する交通手段は時代遅れとなっていった。

一八六九（明治二）～七〇年ごろ、佐屋から前ヶ須（弥富町）に移住した元宿役人の村田宗之助は、前ヶ須街道を開いて佐屋街道の資格をここに移そうと、名古屋藩庁や新政府に新東海道設営を嘆願し、許可を得た。一八七一年三月、藩費により前ヶ須街道（新東海道）の開削工事が始まり、翌年四月に竣工した。

この新道は、現在の名古屋市熱田区大瀬子《おおぜこ》町から出発して、海西郡福田（現港区西福田）、海西郡前ヶ須（現弥富町）に至る距離約二一キロのルートで、道幅二・七メートルから三・六メートルの新しい東海道が誕生した。

一八七二年の太政官布告により、ついに二三八年間も東海道の脇街道の役割を果たしてきた佐屋街道は廃止され、代わって前ヶ須が新東海道西端の宿駅で木曽三川を渡る渡船の基地となり、旅館五、六軒、さらに料理屋も建ち並ぶようになった。

前ヶ須湊から桑名へは、木曽川を下り鰻江川〜桑名川口湊に至る一里の渡しであり、前ヶ須渡船は「ふたつやの渡し」とも呼ばれた。この渡船の就航により、木曽川河口の海上交通を長きにわたって担ってきた七里の渡し、三里の渡しは廃止となった。

## 前ヶ須から桑名への新しいルート

一八八五（明治一八）年ごろから有料渡船が設けられ、木曽川を渡り長島村（現長島町押付）と結ばれた。これより陸路、長島村を横断して長島村遠浅《とおあさ》付新田から桑名郡大山田村上ノ輪へ長良・揖斐両川を渡船で渡るのが主要なルートとして利用され、一八九二年に国道に指定された。長良川・揖斐川は岐阜県営渡船として無料であったが、木曽川渡船は一九二一

国道１号側の「ふたつやの渡し」跡の碑

（大正一〇）年四月まで有料であり、その後、愛知・三重両県による無料県営渡船となった。

一九三三年（昭和八）に木曽川を跨《また》ぐ尾張大橋が開通するまで、前ヶ須渡船は尾張と伊勢を結ぶ重要な国道の役割を担っていたのである。翌年には、長良川・揖斐川に架かる伊勢大橋が完成して、熱田から桑名への新道（国道一号）が開通、ようやく陸路だけでの交通が可能となった。

## 【コラム】桑名城と城下の「迷子掲示板」

### 桑名城

桑名は、徳川四天王の一人本多忠勝《ただかつ》（一五四八〜一六一〇）が、一六〇一（慶長六）年に一〇万石の領主として治めた領地である。忠勝は、大山田川、町屋川の流れを変え、その水を外堀に利用し、さらには揖斐川をも要害に取り込んだ水城・桑名城を建設した。

この城は、海に扇形に開いた四層六階の天守閣を備えた城で、その姿から「扇城」とも呼ばれた。だが惜しくも、一七〇一（元禄一四）年の大火で焼失した後、天守閣は再建されなかった。この桑名城跡は現在「九華《きゅうか》公園」となり、七里の渡し場跡もこの公園内にある。なお「九華」は、九華《くはな》にかけた名である。徳川譜代の桑名藩は、幕末には最後まで幕府側として戦ったため、維新後、城は徹底的に取り壊され、石垣などに使用されていた石は四日市築港の材料とされ、城の面影はどこにも見当たらない。

渡し場跡付近の本陣や船番所跡には高級旅館が揖斐川に面して建っている。この旅館街を通り過ぎると、春日神社（桑名神社）に着く。

## 江戸時代の「迷子掲示板」

春日神社の鳥居と「しるべいし」の石柱

一六〇二年に初代桑名藩主本多忠勝が春日神社に寄進した木造の鳥居が大風で倒壊した。そこで一六六七（寛文七）年、桑名藩七代藩主松平定重が、慶長金二五〇両を投じてこの神社の鳥居を建立した。その後も、鳥居は何度も台風などで倒壊したが、地元の人びとのおかげで復元されてきた。

この鳥居の下に、「しるべいし」という石柱が建っている。この石柱は「迷い児石」とも呼ばれ、左に「たづぬるかた」、右に「おしへるかた」と彫ってある。つまり、尋ね人が、捜している子どもの特徴や服装を書いて貼り、心当たりの人は子どものいた場所などを書いて貼る、いわゆる江戸時代の「迷子掲示板」である。

この「しるべいし」は、桑名の港や町が大勢の旅人で混雑していたことをいまに伝える、めずらしい石柱である。なお、現存の石柱は一八八三（明治一六）年のものである。

第5景

# 渡船場は語りかける

## ——船橋から橋の建設へ

橋がまだ架けられていない明治時代初期に、防犯のためにか、渡船場の状況を詳細に調べた岐阜県警察の『警察署　直轄渡船場・乗客船・荷船取調書』がある。この資料によると、木曽川の渡船場は三六か所にのぼる。この数は警察署直轄だけの渡船場の数であり、実際にはこの数を上回っていたことが容易に想像できる。

現在でも木曽川の公営渡船場は、下流域で橋と橋の間の距離が長い三か所に、西中野・日原《ひばら》・葛木《かつらぎ》渡船場として残っているのである。

# 1　船橋と象の川渡し

ここでは、一時架設の船橋をもつ渡しとして知られていた起《おこし》（愛知県尾西市起）で江戸時代におこなわれた象の渡河輸送に触れた後、対岸への通行を便利にした橋の建設の歴史をたどっていこう。

木曽川の数ある渡しのなかでも、「起の渡し」は船橋をもつ渡しとして知られていた。起の渡しが始まったのは、一五八六（天正一四）年六月二四日の洪水によって、木曽川が現在の川筋を流れるようになってからだといわれている。それ以前は起川と呼ばれる支流であり、徒歩でも通行が可能な川であった。

宮の宿（名古屋市熱田区）から垂井《たるい》宿（岐阜県不破郡垂井町）で中山道に連絡する美濃路は、木曽川の本流が墨俣《すのまた》川と呼ばれていた時代から東海道の脇街道として往来が盛んで、その中間の起《おこし》宿は旅人や物資が集まる宿であった。美濃路は織田信長の時代になるといっそう整備が進められ、東西の交通の要衝として重要視されるようになった。

## 船橋

信長が本能寺で斃《たお》れた後、全国平定を進める豊臣秀吉は、一五八九（天正一七）年に関東の北条氏を攻略する命令を諸大名に出した。この布告に対して織田信雄《のぶかつ》は、「萩原・おこし船橋の事、国中諸浦々舟とも残らず申し付け候、然しながら罷り越さざる舟これあらば、急度成敗せしむべく者也」と、萩原川・おこし川（木曽川）に船橋を架設して、物資の円滑な輸送を可能にするため、舟の徴発を命じている。これが木曽川に船橋が架かった最初といわれており、関ヶ原の戦いに勝利した東軍が帰国する際にも、同じく船橋が架けられたらしい。

江戸時代になると、一六一一年（慶長一六）に徳川家康がここを通ったときに船橋が架けられて以来、将軍や朝鮮国王から幕府への正式外交使節団・朝鮮通信使の通行などのたびに船橋が架けられ、その回数は一八回を数えた。

起の船橋の模型（尾西市歴史民俗資料館所蔵）

架設は船奉行の監督のもとで起宿の船役人があたり、美濃・尾張の川沿いの村々から三〇〇艘を超える舟を集めた。その架設方法は、舟の前後に錨をつけて、約一メートル間隔に配列。舟の上には桁を渡して棕櫚《しゅろ》縄と白口藤縄《しらくちふじなわ》で緊縛《きんばく》し、その上に長さ約三メートル・幅約三三センチの板三〇六枚を並列して固定。さらに太い鉄鎖と白口藤縄によって両岸を結ぶ張縄をつくり、橋板をこれに強く結びつけた。

架橋にかかる全費用は、尾張藩が負担した。近郷から延べにして五〇〇〇人から一万人近くの人員を動員し、人足にはそれぞれ賃金が払われた。これらの人足は、木曽川上流から集めた白口藤を縄にする作業、舟の回送、雨が降った場合の舟の水替え、渡し場の築堤、舟繋ぎ作業、夜番などを担当した。これらは請け負い作業でおこなわれ、多くは架設方法をよく知る起周辺や名古屋の請負業者が利用された。なかでも名古屋の熱田浦の船の操作に習熟した水主《かこ》たちは架設工事の専門家であった。工事中は、作業人夫の作業を見物する人びとで周辺は空前の人出となったと伝えられている。

なお、船橋の架設は高位高官の者を迎えるための大工事であったため、準備期間が長く、一七六四（明和元）年に朝鮮通信使が渡ったときには、前年の九月二七日から工事は着手され、まず一か月近くかけて集舟が完了、その後、一二月中旬に船橋をかける工事に着手して、ようやく翌年一月初旬に基礎工事が完了し、一月末に船橋工事全体が完工と、船橋の建設に四か月を費やしている。同年二月はじめに朝鮮通信使一行が往路として通過し、三月末には通信使が復路として通過して、船橋の役目が無事果たせた。船橋の撤去作業は四月から始まり、約一か月半を費やして五月中旬にすべての作業が終了している。このころの木曽川は、川幅が約八五五メートルあまりあり、いまと変わらない大河であったから、工事も難渋をきわめたことだろう。

## 象を渡す大作戦

暮らしのなかの交通手段として、起には三つの渡しがあった。上流から、対岸の羽島市正木町新井《あらい》に着く「定《じょう》渡船場」、大明神社前にあった「宮河戸《みやこうど》」、将軍や朝鮮通使の通行の際に船橋を架けた「船橋河戸」である。通常は「定渡船場」が使用され、この渡船場は「金《こん》ぴらさんの渡し」と、親しまれていた。

「船橋河戸」を通ったのは高位高官の人間ばかりではなかった。一七二九（享保一四）年、オランダ船によって交趾国（ベトナム）から第八代将軍吉宗に象が初めて献上され、五月三日に起宿に到着している。当時はめずらしさから、通行の沿道筋の村々はもちろん、遠方からも手弁当持参で、大勢の見物人が集まった。

象は長崎から中国路を経て京に入り、「広南従四位」の冠位を与えられ、中山道筋を垂井から美濃路を通って、宮から東海道へ出た。これは京から東海道を通過すると鈴鹿峠や桑名から宮までの七里の渡しが象にとって大きな障害となるため避けたものと思われる。

尾張藩では象の通過に前もって街道筋の役人を代官所に呼び寄せ、

献上された象

一、見物人等大勢象の間近に集まり、子どもなどが大声を上げて騒がしくすれば、（それを聞いて暴れる）象が驚いて過ちをなすかもしれず、事態は計りがたい。よって問屋・庄屋はきっとこのようなことなく、民衆を制し、支障なきよう申し付ける。

一、象の飼料は竹の葉、青菜、藁である。青葉のないところは竹の葉を用意すべく云々。

一、流れの速い川でも人が多く付き添っておれば構わなく渡るから、歩行渡りの川では人足を申し付けておく。

一、象を置くところは新規に建てるに及ばない。有り合わせの厩《うまや》を大振り丈夫に心掛け云々。

など、初めて扱う象に対して細かな指示がなされている。

しかし墨俣の庄屋などは、「象を置く場所は新たに設ける必要はないとのお達しであるが、背丈約二メートルほどもある象が入るような大きな間口のあるような家は一軒もない」などと訴えている。

当時の木曽川は、当然歩行渡しは不可能で、原則としては船橋を架けなければならなかった。しかし船橋を架けるには莫大な費用が必要となるため、尾張藩としては架設に消極的で、時あたかも将軍吉宗と尾張藩主宗春の対立時代であったため、幕府からの要請を遅延策でやり過ごし、とうとう船橋は架設しなかったのである。では、どのようにして象を渡したのか。

奇策として、「象船」を製作したのである。これは馬を三匹乗せることができる馬船を二艘繋《つな》げて長さ約五・五メートル、幅約四・六メートルの空間をこしらえ、その上に直径一五センチの根太木を固定し、さらにその上に厚さ約八センチの板を並列して大釘で打ち付け、その上に土を敷いた。そして四方に柱を立て、筵《むしろ》で三方を囲み、象が乗り込むと入り口を閉鎖して、象からは川水がいっさい見えないような構造にした。このようにして象は無事木曽川を渡り、江戸へ向かったのである。

## 【コラム】太田の渡しと岡田式渡船

現在の岐阜県美濃加茂市と可児市との間には、上流から森山⇔西脇、飛騨川合流点での美濃川合《かわい》⇔可児川合、太田⇔今渡、深田⇔土田《どた》の四つの渡船場があり、太田⇔今渡の間を渡していたのが中山道の「太田の渡し」である。

太田宿には、長さ約一三メートルの舟五艘が幕府御船奉行の支配下に置かれていた。このほかに、船方奉行支配の鵜飼船五艘と、村方自分持ちの鵜飼船六艘があり、寛政年間（一七八九～一八〇一）には船乗りが六〇人ほどいたという。ただ、洪水の際には渡船ができず、急病人はそのために死に至ることも稀《まれ》ではなかった。

岡田式渡船装置を考えた岡田只治《ただじ》は、一八五〇（嘉永三）年に長良川の本流と今川に囲まれた陸の離れ島、岐阜県山県《やまがた》郡保戸島《ほとじま》村（現関市側島《そばじま》）の庄屋の家で産声を上げた。この陸の孤島にようやく一九三三（昭和八）年に保戸島橋が架かるまでは、渡し船が対岸への唯一の交通手段であった。

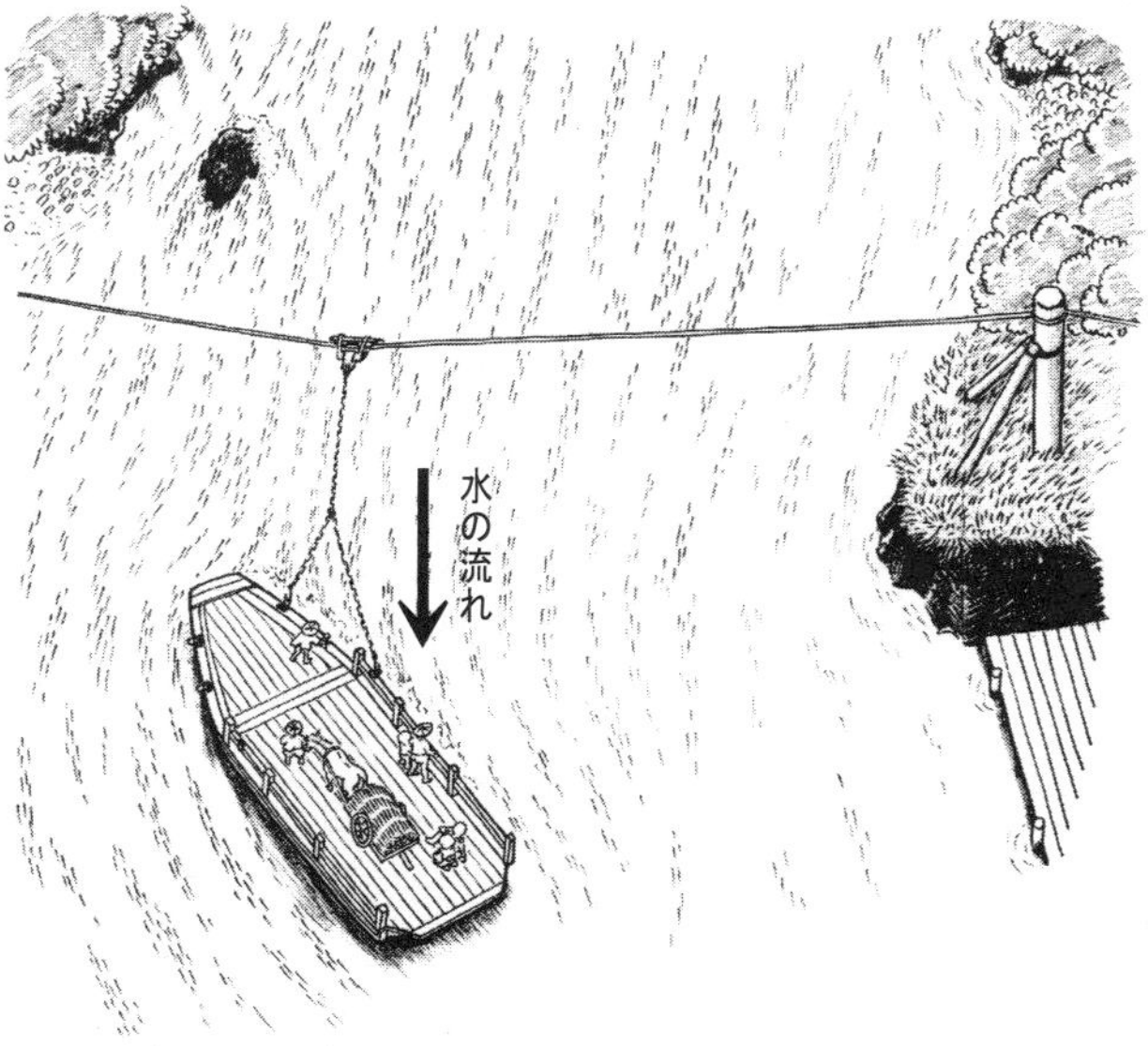

岡田式渡船

村長になっていた岡田は、水嵩が増えると渡船が中止になる不便な渡船方法をなんとか改良できないかと日夜考え、一八九七（明治三〇）年に、ついに、舟をこぐ技術すらいらない渡船方法を考案した。

その装置は、川の両岸に丈夫な柱を立て、その間に鋼鉄線を張り渡し、鋼鉄線に取り付けた滑車からのワイヤーを船の舷側《げんそく》と舳先《へさき》に取り付け、船腹に当たる流水の力によって舟を対岸へ導く方法であった。これが一九〇三年に特許を受けた岡田式渡船装置である。この装置を使うと、川幅約一八〇メートル程度の川を、流れが緩やかなときには五～六分で、流れが急だと二～三分で渡ることができ、洪水の際にも安全に渡河できる優れたものであった。

一九〇一年一月、木曽川の草井渡船場（現愛

知県江南市草井）で船が転覆し、八人が溺死した。この事故を契機に、同年五月に初めて木曽川の太田の渡しに岡田式渡船装置が設置され、長さ一四・五メートルの舟で一度に乗客五〇人を運び、荷車などは荷をおろさず車のまま船に乗せて運んだ。その後、この渡船方法は国内だけでなく遠く中国での渡船にも利用された。

# 2 人名がついた橋

橋は、当然のことながらそれぞれが名前をもっている。特筆すべきは、木曽川に架かっている橋には、橋という公共物でありながら個人に由来した呼称の橋が多いことである。歴史上の人物名や、伝説にまつわる橋の名前もある。しかし最も多いのは、「電力王」といわれた一人の会社社長の采配によって付けられた電力関係の人の名の橋である。

### 桃介橋の命名

桃介橋《ももすけ》は南木曽町《なぎそ》のシンボルとして修復復元された。一九九三年のことである。一九二三（大正一二）年の建設時、全長二四七メートルで東洋一といわれたこの橋は、南木曽町の木曽川上流部ではもっとも川幅の広いところを選び架けられた。大同電力読書《よみかき》発電所の建設資材を運ぶために建造されたが、一般の通行も許されていたので地元民には大助かりだった。その桃介橋も、長年の風雪にさらされて朽ちる一方だった。七一年ぶりに復元工事が終わり、一〇月一七日渡り初め式が盛大におこなわれ、夜には地元民による提灯行列や打ち上げ花火の祝宴が催された。

この復元された橋は、一九九四年に土木学会から、計画・設計・施工・美観などの面で優れた特色を持つ橋梁やそれに関連する構造物に授与される田中賞を受け、同年に国の近代化遺産の重要文化財に指定された。

「桃介橋は別名『桃之橋』ともいう」と紹介している本もある。橋右岸のたもとに鎮座する石の橋名碑には「桃介橋」（平成六年一二月建立）と彫ってある。諸々の説明にも「桃介橋：電力王・福沢桃介の名をとった木の吊り橋（建設時の名称は桃之橋）」と、説明してある。では、いつから「桃之橋」が「桃介橋」へと変わったのだろうか。

新しくなった桃介橋

「桃介橋修復・復元工事報告書」の末尾に一九二三年作製の「桃之橋構造明細図」が載っている。これを見ると、当時の正式名称はやはり「桃之橋」であったことがわかる。ところが、この橋より以前に木曽川に架橋された「対鶴《たいかく》橋」や「下出《しもいで》橋」には、コンクリートの型抜きで左右の主塔に、橋にかけた意気込みさえ聞こえてきそうなほど大きく橋名が彫り込んであるのに、桃之橋にはそれもない。

そもそもなぜ、「桃之橋」なのか。大正時代（一九一二〜二六）、木曽川につぎつぎと発電所を建設していった大同電力株式会社（のちの関西電力）社長・福沢桃介は、木曽川開発のメルクマールとして関係者の名前を橋名に付けていった。こうしたなかで、桃介の名前も橋名に取り込む話がもちあがったとき、含むところがあったのか、自らの名から「桃」の一字をとって「桃之橋」とし、完成の後に「桃之橋」の金属製の銘板を取り付けたという。この銘板は先の大戦で供出されていまはないが、とにかく桃之橋の由来はかくのごとくだろう。

しかし、桃介橋になった経緯を地元の老人に聞くと、「桃介さんが架けた橋じゃでなぁー」と、もっともらしい答えが返ってくる。地元住民はこの橋が完成したときから〝桃介橋〟と呼んでいたのである。「桃之橋」という銘板がかかっていてもそう呼んでいた。桃介を知る人たちから出た自然な気持ちが、桃之橋という名を駆逐したのである。

やがてこの橋は関西電力の管理下となったが、その後、南木曽町へ寄付された。復元を機に重要文化財の指定登録を受けたのである。そのとき、昔から地域住民に使われていた呼び名を橋の正式名称として登録し、橋は「桃介橋」となった。

## 桃介による発電所のレリーフと橋の命名

桃介は、当時の偉人たちの功績を後の世までも伝えようと、彼らのレリーフや銘板をダムや発電所に飾り、また、功績のあった社員の名前を橋に命名している。時代順にレリーフや橋名について述べよう。

木曽川で二番目のダム水路式の賤母《しずも》発電所（長野県木曽郡山口村）が一九一九（大正八）年に完成した。この発電所に飾られているレリーフは、明治・大正・昭和の政治家・西園寺公望《さいおんじきんもち》（第一二代総理、一八四九〜一九四〇）の顔である。また発電所の地に、山口村と岐阜県坂下町とを結ぶ吊り橋・対鶴《たいかく》橋を架橋した。橋の名前は帝室林野管理局長官南部光臣氏の家紋「対《むか》い鶴」からである。

一九二一年に完成した大桑発電所（長野県大桑村）には、フランスの政治家・クレーマンソー（一八四一～一九二九）のレリーフが飾られた。発電所へ渡る橋には、名古屋電燈（のちの大同電力）副社長・下出《しもいで》民義の苗字から下出橋の名を冠した。

一九二二年五月に完成した須原発電所（大桑村）には、イギリスの政治家・ロイド＝ジョージ（一八六三～一九四五）のレリーフが飾られ、右岸へ渡る橋は、大同電力常務取締役・増田次郎の苗字にちなんで満寿太《ますだ》橋と名づけられた。また、同年一一月に完成した笠置発電所（岐阜県恵那市）に架かっている橋は、大同電力常務取締役・藤波収の苗字から藤波橋と命名されている。

福沢諭吉のレリーフと「独立自尊」の碑文

一九二三年一一月に完成した桃山発電所（長野県上松町）には、イタリアの物理学者で、無線通信機を発明して船舶の無線電信の道を開いたマルコーニ（一八七四～一九三七）のレリーフで、発電所へ行く橋は、大同電力取締役・杉山栄の名前から栄橋と命名された。また同年一二月の読書発電所（長野県南木曽町）には、大同電力常務取締役・三根《みね》正亮の苗字から名をとった三根橋が架けられた。

一九二四年に完成したわが国最初のダム式大井発電所（中津川市）には、義父・福沢諭吉のレリーフとともに、「義父の発電の理想を達成したので、諭吉の肖像と座右の銘『独立自尊』を刻んだ」と記す碑文がある。このそばに、大井発電所にかけた努力と情熱を記念して、社長福沢桃介、副社長増田次郎以下八人、さらに外債引受人ら外国人三人のレリーフが残っている。

一九二六（昭和元）年竣工した落合発電所（岐阜県中津川市）には、アメリカの発明家で電球を発明したトーマス＝エジソン（一八四七〜一九三一）のレリーフがあった。エジソンは当時八〇歳の高齢ながら「発展してやまざる日本の事業と技術に対し、最高の尊敬と称賛を捧ぐ」と喜びの言葉さえ送ってきている。この落合発電所に架かっている橋は、大同電力常務取締役・村瀬末一の苗字から村瀬橋と命名されている。

桃介が命名した橋の名前で対鶴橋だけが家紋の名前になっているが、橋に名づけられた人びとの勤務先から、その名づけの経過がわかるような気がする。桃介らしい気配りなのかもしれない。

## 【コラム】金属回収から免れた寝覚発電所の紀功碑

戦時下、金属でできたものは橋の銘板同様、お寺の鐘から指輪まで、金属製品は軍需品製作のために強制供出させられた。

各発電所の金属類の紀功碑なども戦時中に金属回収として供出されたのである。こうして、桃介の気遣いが露と消えたものが多いなか、寝覚発電所の紀功碑は災難を免れて残った。

通りがかりの老人は、「戦争という忌まわしい怪物は古跡まで破壊し尽くした。当時の指導者の無知に対して悲しみと怒りが足の先からこみ上げてくる」と胸のうちを語り、なぜ、寝覚発電所入り口にだけ紀功碑が残っているかを、次のように話してくれた。

「憲兵が軍需品調達の金属回収のため、紀功碑を破壊しようとした。その

強制供出を免れた紀功碑

とき、発電所の現場長は目に涙をいっぱい浮かべて、『この紀功碑に相当する材料を提供するから、この紀功碑だけは残してほしい』と一心に頼んだ。それでも首を縦に振らない憲兵に向かって、『この金時計は私が学校を終えたとき、父が買ってくれた物です。いまとなっては形見になってしまいましたが、この金の懐中時計も差し上げます』と、身をもって哀願した。憲兵は懐中時計を受け取るとポケットに入れ回収を止めた」というのである。

この碑は現在、須原発電所内の木曽川電力資料館に展示されている。その碑文には「山色水光伝功永」とある。「この美しい山の色、水の光をとこしえに伝えよう」という意味である。

## 【コラム】ダム湖に沈む五月橋《さつきばし》

国道四一八号は、飛騨川を渡り丸山ダム下流で木曽川右岸に出る。そこから二〇キロほど上流に向かって木曽川沿いを走ると、笠置ダム上流で木曽川と別れる。だが、丸山ダムの上流から笠置ダム間は通行不能である。

木曽川はこの間しばし、人の目を近づけないが、そこにはすばらしい景色の深沢峡や笠置峡がある。

赤く塗られた五月橋は、その深沢峡谷へ架かる鉄の吊り橋である。橋の本体は電車でも通れそうな立派な造りだが、歩くところが網状になっており真下の水面が見えるので、渡るのに少々勇気がいる。

左岸側の岐阜県瑞浪市から県道三五二号の先に架橋されているが、こ

美しい五月橋

ちらも通行止めの看板が立っている。つまり、右岸からも左岸からもこの吊り橋への道は寸断されているのである。草が茂り夏など歩けるような道ではない。歩くつもりなら手に鎌を、足には長靴が必要となってくる。少し大袈裟のようだが、決してそうではない。ただ、辛うじて左岸の瑞浪市からは気をつければ歩いていける。朽ち果てた茶屋（小料理屋いさまつ）の跡あたりで、深沢峡と呼ばれる木曽川が見えてくる。

丸山蘇水湖遊覧船事業が一九五六年七月に営業を開始して、このあたりまで丸山ダムから遊覧船が出ていたという。右岸には土産物屋跡もあるところから、休日ともなると観光客や釣り人などでにぎわっていたことであろう。この橋の手前の小高いところに、高さ一メートルくらいの「深沢峡記念」の石碑が建っている。

この景色もやがて消え去る運命にある。丸山ダムの嵩《かさ》上げ工事が完成すると、ダム湖の水位がこの橋の上に来るからである。

現在の吊り橋は昭和初期の吊り橋より上方の位置に架橋されたということだから、当時の風景から峡谷を思いえがくと、水面のはるか下に深い峡谷が沈んでいることになる。

## 3 尾張大橋の建設

木曽川下流部において、最も早い時期に架けられた道路橋が、一九三三（昭和八）年に完成した尾張大橋である。ここでは、軟弱地盤の木曽三川下流で明治時代に架けられた橋梁工事の足跡を訪ねてから、近代的橋梁建設の幕を開いた尾張大橋についてみていこう。

### 尾張大橋の架橋以前

明治初期に入っても、木曽三川はまだ渡船で結ばれていた。それまで海上を舟で渡っていたのに比べれば、数百メートルを舟で移動するだけになり、通航はそれ以前よりも活発になった。

このように交通が盛んになると、天候や河川の状況に左右されることなく移動できる橋が必要となる。しかし、木曽三川下流部はまったくの砂地で、木曽川が運んできた花崗岩質の砂によって桑名名物の焼き蛤はいっそうおいしくなるといった効用はあるものの、橋の建設には不向きであった。また、木曽川の下流付近は河川改修後、川幅が約一キロもの長さになり、中洲はあっても、その川幅いっぱいに水（干潮時には真水、満潮時には海水）が満々と湛えられていた。このため川を閉め切っての工事は不可能に近かったが、幸いにして水深が浅かったため、部分的にせき止めが可能であった。

明治の中ごろの一八九五（明治二八）年には、関西鉄道（現ＪＲ関西本線）による架橋が木曽三川で初めておこなわれ、列車による渡河が可能となった。このため東西の交通はますます盛んになり、駅ができると輪中内を馬車が走ることもあった。

## 関西鉄道による木曽三川の架橋

一八九五（明治二八）年に完成した関西鉄道の橋脚工事について触れる前に、一八八六年におこなわれた東海道線の静岡を流れる安倍川の橋梁箱枠基礎工事に触れておこう。

江戸時代に架橋が禁じられていた安倍川に橋を架けるには、橋の重量を支える安定した橋脚をまず建設する必要があった。しかし、この時代にはまだ橋脚の基礎工事工法ができあがってはいなかった。

工事監督は、橋脚の基礎工事の外枠として、巨大な風呂桶を川の中に沈め、桶の上に重しを載せ、桶の底を掘って沈下させる方法を考えついた。桶屋が目を丸くしてつくった大桶は長径約四・六メートル、短径約二・四メート

尾張大橋架橋前の渡船場（『尾張大橋工事概要』から）

ルであったが、水圧で変形して失敗した。そこで、一二〜二一センチの厚板を組み合わせた箱枠を水中深く沈め、中の水を抜き、箱枠上部に重しを載せ、枠底を掘り下げる方法で、ついに橋脚の基礎枠工事に成功した。この工法が、尾張大橋に用いられた潜函《せんかん》工法（ニューマチック・ケーソン工法）の初期の工法と考えられる。

さて、木曽川下流部の鉄道橋梁架橋工事であるが、明治政府は東海道線を敷設する際、現在のＪＲ関西本線が通過している木曽三川下流域での橋梁架設調査をおこなった。しかし、この地は深さ四〇メートルまで軟弱な地質で、工費が莫大に必要であると結論し、架橋を断念した。

ところが、当時の関西鉄道は鉄道界が注視するなか、政府が見放したこの地に鉄道橋を架設する申請を一八九三年におこない、翌年三月に工事に着工したのである。

この時期は木曽三川改修工事の最中であり、木曽川筋の改修工事は河口から架橋地点上流まですでに終了していた。一方、長良川と揖斐川ではまだ改修工事がおこなわれておらず、長良・揖斐両川の架橋地点はこの改修工事に影響を与えない地点が選ばれた。

木曽川架橋に関する資料は残念ながら見当たらないが、揖斐川架橋に携わった技術者の那波光雄が架橋二八年後に、長良・揖斐川の橋脚基礎工事についてまとめている。ここでは、長良・揖斐川の「井筒《いづつ》工法」による基礎工事の状況から、木曽川での工事を推察してみよう。

「井筒」とは、地面の上に、木や石でつくった井戸のかこいのことで、「井筒工法」とは、この井筒を重石《おもし》で川底に埋め込みつつ、徐々に長くして橋脚にする工法である。

橋脚にする楕円形の井筒は長径約九メートル、短径四・五メートルの外側がレンガ積みである。約三メートルごとに井筒を継ぎ足し、その継ぎ目は鉄の輪で固定した。なお、井筒の重量が大きくなると井筒自体が沈下するので、井筒内部に径約一・五メートルの空洞を二個空け、空洞以外をコンクリートで埋めた。

軟弱地盤での工事のため、四日市―名古屋間の鉄道総建設費の実に二五パーセントが木曽川、長良・揖斐川の橋梁建設に費やされた。

木曽三川下流部での橋梁建設を成功させた関西鉄道は、一九〇七年に国有鉄道（現ＪＲ）に買収され、それ以後、この橋梁は国有鉄道が一九二八年に関西本線の新橋梁を完成させるまで使用された。

その後、木曽三川下流部のこれらの橋は、一九三〇（昭和五）年に伊勢電気鉄道に払い下げられ、一九二八年から一〇年間は使用されず放置されていた。ようやく、一九三七年から翌年にかけて補強工事がなされ、一九三八年六月から一九五七年まで桑名―名古屋を結ぶ単線の民間路線として見事によみがえったのである。これが現在の複線化以前の近鉄線である。

**潜函《せんかん》工法による橋脚基礎工事**

木曽川に架かる尾張大橋は、関西本線の鉄橋のすぐ下流に建設された。

それまで木曽川の交通は渡船に頼っていたが、交通量の増大と車での輸送が盛んになると、永久橋の必要性が高まっていった。そこで愛知・三重両県によって架橋が話し合われ、揖斐・長良川に架かる伊勢大橋は三重県が、

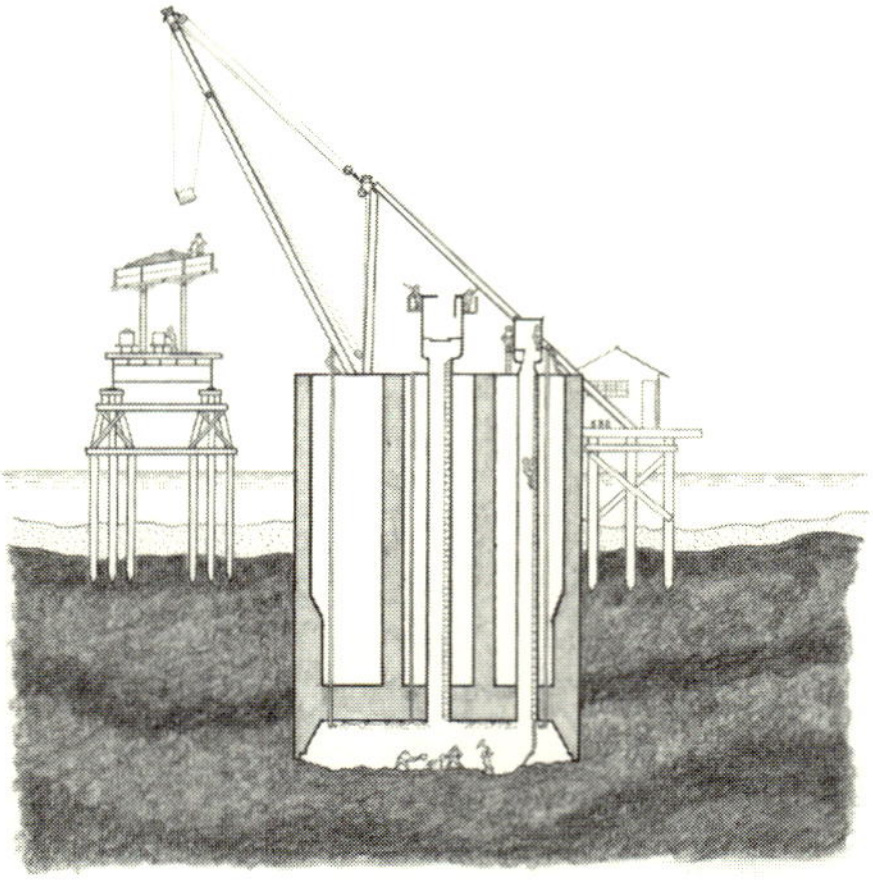

潜函工事概略図（『尾張大橋工事概要』から）

尾張大橋は愛知県が担当することになった。

尾張大橋は一九三〇（昭和五）年に着工して、三年後の三三年に竣工した。全橋の長さ八七八・八一メートル、有効幅七・五メートルで、延人員九万七〇〇〇人、総工費一五六万円が費やされた。

尾張大橋架橋以前に架けた鉄道橋の橋脚基礎工事は井筒工法であったが、今回の基礎工法は井筒工法をさらに改良した潜函工法である。

外周の厚さ九〇センチ、隔壁の厚さ七〇センチで三部分に割けられた一四メートル×五・四メートルの長方形のコンクリート函《はこ》が、橋脚を建設する位置に据えつけられる。水の浸入を防ぐための圧搾空気が地上から函内の高さ二メートルの作業室に送り込まれ、工夫は高圧の作業室内で川底を掘り進み、一日で平均一・五メートルほど函を沈下させた。一方、地上部では長方形のコンクリート函を打ち継ぎ、徐々に水中深く橋脚を建設していく。深いところでは、三〇メートル近くまで掘り進んだといわれている。

潜函工法は高圧をかけた函内で人力掘削するという厳しい作業であった。一三の橋脚を建設するこの作業では、全作業員平均で〇・四七パーセントの二七人が潜函病を発症したが、事故者の発生割合は永代橋の二・〇パーセント、大阪淀川筋の十三橋《じゅうそう》の一・六パーセントと比べてはるかに少なかった。当時としては巨大なプロジェクトで、死者をはじめ大きな事故の記録がないところを見ると、工事は大成功であったといえよう。ちなみに現在は、潜函内では無人化された機械で掘削作業がおこなわれるなど自動化が進んでいる。

## 【コラム】フンドシで橋を架けた男――鈴木三蔵

一九一四（大正三）年五月、雨の降る恵那渓《えなけい》（岐阜県恵那市）にたたずむ一人の老人がいた。鈴木三蔵（一八三一〜一九一五）である。吊り橋が心配なのである。木曽川は三日も降り続く雨を集めて水嵩《みずかさ》を増していた。赤濁りした水は波打って両岸の岩に噛みつきながら流れている。やがて、大きな流木がつぎつぎと吊り橋のアンダーケーブルを叩くほどに水位は上ってきた。この吊り橋は美恵橋《みえ》といった。一九二〇年に「日本ライン」の命名者・志賀重昂《しがしげたか》がこの渓谷を「恵那峡《えなきょう》」と命名するまで、あたりは恵那渓と呼ばれ、ひとたび大水ともなれば激流ほとばしる恐ろしい淵となったのである。

この美恵橋は、苗木《なえぎ》藩士だった鈴木三蔵が、計画から一五年を経た一八九七（明治三〇）年に架橋した思いのこもった吊り橋である。大水は容赦なくこの橋を襲っている。やがて、三蔵の祈りの灯火を吹き消すように、緊張したケーブルは流れに抗しきれずぷっつりと切れた。架橋から二〇年に満たない吊り橋は、跳ね上がる濁流にあっけなくもぎ取られ、下流へと流れ去ってしまった。気を落とした三蔵は、翌年無念を残して帰らぬ人となったのである。

三蔵は一八八一年、東京で開かれた内国勧業博覧会で吊り橋の模型を見て、胸をときめかせた。「この方法ならば、少年のころから夢にまで見た橋を恵那渓に建設できる」と確信を得た。それからというもの、村人に橋の重要性と架橋の可能性を説いてまわった。しかし、橋の必要性そのものが理解されるのに困難な時代であった。渡船がありそれで充分と考えられていたのであろうが、何よりも、途方もない資金が必要だったからである。同意すればその資金を出さなければならないと考えていた村人にとって、耳を貸すことすら御免だった。それに村人たちは、倹約に倹約を重ね汚い身なりで奔走する三蔵を変人扱いしていたのである。

自分の財産を投げ売り、生活費は切り詰めるだけ切り詰め、「六尺のフンドシは贅沢だ、三尺で充分用を足

フンドシ橋（『図説　中津川・恵那の歴史』から）

現在の美恵橋

す、あまった三尺分の費用を貯めて橋の建設の費用に当てよう」と、日常生活での節約を呼びかけた。また、道に落ちている馬の糞を肥料にして倹約生活の見本を示した。その甲斐あって、橋を架けるのに必要な五五〇〇円の費用を一五年という年月をかけてとうとう集めたのである。

　吊り橋は完成した。三蔵は吊り橋に名前をつけた。その名は『美恵橋』である。長さ七七メートルのこの橋は「美しい恵那渓の橋」という意味で、三蔵の少年のころからの夢とその素直な心がこめられていた。橋を通る人びとは三蔵に感謝し、敬意を表して「フンドシ橋」と呼んだものである。

　ちなみに、二代目の橋も吊り橋であったがダム湖に沈み、現在はその吊り橋の面影はない。

　一九八六（昭和六一）年一月に竣工した現在の三代目美恵橋は、かつての位置より高く、また上流部に架設され、長さ一二二メートルの鉄パイプアーチ橋として恵那峡をまたぎ、三蔵の遺徳をいまに受け継いでいる。

## 【コラム】おもいやり橋

木曽川の中州の町・岐阜県羽島郡川島町は、明治の初期まで小網島と呼ばれる島であった。小網島と尾張一宮の神明（江南市宮田神明町）とを連絡する渡しを小網の渡しといっていた。一九二三（大正一二）年に始まった改修工事で北を流れる本流（北派川）に水量を取られた。南のほうの川（南派川）は水量が減り、渡しは簡単な板橋に代わった。しかし、大雨のたびに小さな板橋は流された。いつでも渡れる永久橋は島の住民の悲願だった。

一九六三（昭和三八）年五月に永久橋が架設された。橋幅三メートル長さ二八〇メートルの小網橋である。

しかし、小網橋はすぐに異名で呼ばれるようになった。それも「けんか橋」である。

一車線しかない橋の中央部に車の離合場所がある。渡れる車は一台、つまり、対岸から車が来るとお互いが通れなくなる。そこで「おまえが下がれ」「いや、おまえが下がれ」となる。朝の忙しいときでも夕方の気がせくときでも、毎日のように繰り返された小網橋の風景であった。ときには二〇分も動けなかったこともあったという。嘘のような本当の話が残っている。

通りがかりの人に「けんか橋」について尋ねてみると、「はじめはありがたかった。そんでもすぐに、車が多くなってナ、尾張んタァも橋をわたる。小網の者だけでのうて、美濃の者までみーんな渡るとヨ。なんせ一台しか通れやせん橋に、なまじっか橋の中央に離合場所がある。橋に車がかかっても、向こうが待ってくれるのを期待して、どんどん車は橋を渡ろうとする。その結果、『おまえさがれ、インヤお前こそ近いじゃないかさがれよ』ってな、橋の真中あたりでけんかするわけよ」と、橋の上が両方からの車で数珠つなぎになる話をしてくれた。

橋の長さが二八〇メートルとはいえ橋を通りかかるときに向こう岸から先に車が入ったら、ちょっと待てばいい。しかし、そうしていると次から

対向車が来る小網橋（おもいやり橋）

次と向こうからの車だけが橋に入ってくる。第一、自分の後ろについた車は黙っていない。二台、三台、どんどん増える。一台がクラクションを鳴らしはじめると、連鎖反応を引き起こす。そこで、なんともならない「けんか橋」となってしまう。

岐阜県から愛知県へ、またその反対に岐阜県へ通勤する人でいっぱいになる。学校へ通う子どもたちは橋を渡らないが、その行きかえりにこの風景を横目に学校へ通っていたのであった。

この〝小網の渡し〟の地には〝狐のお迎え〟という心温まる伝説が語り継がれている。狐の話には〝いたずら狐〟をこらしめる話が多いなかで、小網の狐は「渡しを渡れないで困っている人を船頭さんに化けて渡してやった」という。こんな伝説が残るほどの、心やさしい住民たちなのである。やがて、子どもたちが立ちあがった。

「なんとかしよまいか」

「譲り合えばいいのにね」

「そんなことはわかっているさ、でもそれができない大人がかわいそうなんだよね」

でもそれしかなかった。やがて子どもたちは橋の袂に看板を立てた。

『この橋は思いやり橋です。ゆずってくれた人にはお礼のあいさつ』

立て札は〝即〟効果をもたらした。橋の袂で待っていてくれた人に「にっこりあいさつ」、車も人も片手を挙げて、「おはよう」「ありがとう」。

なんとすがすがしいことか、スムースに通れるようになった。お互いの行動を尊重するようになってから、この橋を「思いやり橋」とだれ言うとなく呼ぶようになった。この橋も二〇〇三年に始まった架け換え工事で新しい橋（仮称新小網橋）になる。橋は歩道と二車線のコンクリート橋である。

# 第6景

## 新しい治山思想がやってきた！

### ――木曽川土砂災害小史

河川の保全を考える場合、たとえば下流域での洪水をなくすには、堤防の補強のみならず、上流から流れ下る土砂の堆積を減らし、河床《かしょう》の上昇を抑えて流路を安定させる必要がある。そのため、上流部の砂防工事や保水能力の高い広葉樹を育てる植林などの治山対策も必要になってくる。いまでこそ、こうした総合的な河川改修の方法は当たり前になっているが、科学技術が発達していなかった時代には、必要性はわかっていても、それを実現させる具体的な発想になかなか至らなかったのである。

明治維新を迎え、近代国家の建設を急ピッチで進める政府は、国政のあらゆる場面に西洋の文化や技術を導入していったが、とりわけ急がれたのが政治制度・教育制度の刷新と軍事力の増強、それにインフラ整備としての鉄道網の建設・道路整備そして治山・治水事業であった。

わけてもインフラ整備には莫大な投資が払われ、海外から「お雇い技師」と呼ばれた専門家が数多く招聘《しょうへい》され、当時の先進世界の最先端技術によって日本の山野はつぎつぎと開発されていったのである。この時期、治山・治水事業に活躍したお雇い技師として有名なのが、ヨハネス＝デレーケである。淀川水系の治山や木曽三川の改修工事などの大事業を矢継ぎ早にこなし、わが国近代土木の夜明けを先導した人物として知られている。

ここでは、彼の業績のなかで木曽川水系に関わる治山工事を紹介しながら、急峻な山地と激流が流れ下る木曽谷での自然災害の歴史を垣間みていこう。

## 1 山のない国・オランダから来たデレーケ

ヨハネス＝デレーケ（Johannis de Rijke 一八四二〜一九一三）は、日本でいえば江戸時代の一八四二年、オランダ最南部のゼーラント州ライン川河口の田舎町コリンスプラートで、築堤工ピーターの三男四女の次男として生まれた。

デレーケは二五歳のとき、アムステルダムと北海とを結ぶ運河建設にともなう閘門《こうもん》建設に携わっていた。この工事現場で、のちにお雇い技師長になるファン＝ドールンにその技術が認められた。

一八七三（明治六）年、三一歳になった四等技師デレーケは一等技師エッセル、工手アルンスト夫妻と同じ船で、妻ヨハンナと二人の子ども、それに妻の妹エルシェを連れ、日本に向かった。

船頭平河川公園にあるデレーケ像

オランダは運河が発達し、船運などの水路維持工事に優れていたが、山がなく、急流河川もない国である。このような国から来たオランダ人技術者は、さまざまな土木工学の書物を改めて研究しなければならなかった。たとえばエッセルの場合、来日以前に諸外国の河川工学に関する文献数百冊を買い求め、持参してきていたのである。

来日したデレーケは、まず膨大な土砂が河川に流出することに驚き、諸外国の砂防事業を熱心に勉強し、治水計画の根本を治山に置いた。つまり、洪水の第一原因として「河川水源地の森林の伐採」を挙げた。保水能力を失った山々から一挙に流れ落ちる濁流が土石流《どせきりゅう》を引き起こし、川を埋め、氾濫被害を大きくすることを悟り、水源地での土砂流出を止めてこそ初めて治水が可能になると考えたのである。

一八七三年に来日してただちに調査した淀川では、その流出土砂を食い止めるため、①斜面や斜崖に植林をおこない、②斜面に木材を横に並べて土砂の流出を止め、③谷に木や石で堰を築くことを提案した。この提案に従って一八七五年、淀川水系では上流部にあたる木津川の支流・不動川（京都府山城町）に、わが国初の砂防石堰堤《えんてい》が建設された。この堰堤は、デレーケが持参した文献に記載されている南ドイツの堰堤に酷似していると報告されている。

### 明治天皇も見学した大崖沢の工事現場

明治天皇は、一八八〇（明治一三）年六月一六日に巡幸《じゅんこう》のため東京を出発し、同月二六日には鳥居峠を越えて木曽谷に入った。二八日の朝、天皇は三留野《みどの》駅を出発し、妻籠→馬籠→落合→中津川を経るルートで現在の恵那市へ向かった。大妻籠《おおつまご》から下り谷を経て馬籠へ進む途中で、およそ二〇〇〇人の人夫が崩壊斜面に貼りついて働く大崖《おおがけ》（木曽郡南木曽町）の砂防工事を見学している。

妻籠宿の古文書によると、大崖の崩壊は寛政年間の一七九三年に始まったと推定されている。それ以降も土石流はこの地で頻発《ひんぱつ》し、山裾《やますそ》の住民は常に土砂災害に痛めつけられていた。しかし、江戸時代には土砂流出を抑止する技術が十分に発達していなく、住民は自然の猛威に晒《さら》されたままであった。

明治時代に入り、内務省（現国土交通省）山林局が砂防工事を計画したものの、その費用が膨大な額のため、工事に着手できないでいた。それが明治天皇の巡幸を機に、ようやく大崖の砂防工事が始まったのである。天覧

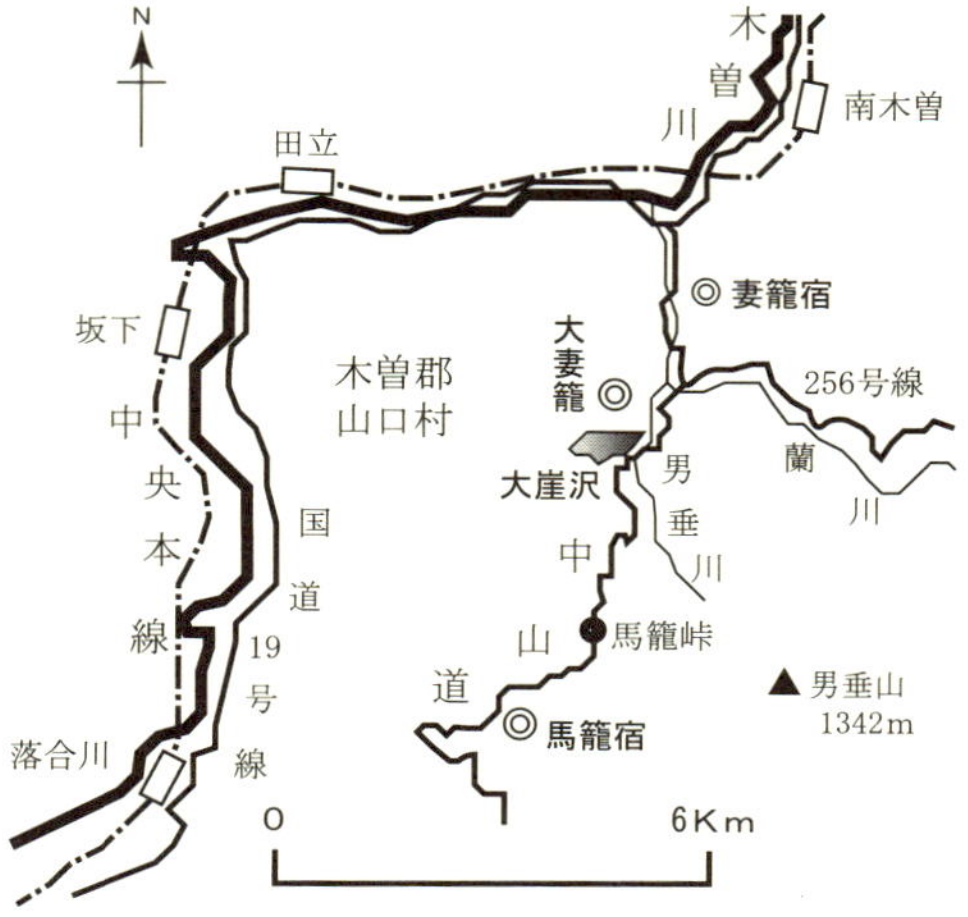

中山道沿いの大崖沢の位置

を受ける六月二八日より八日ほど前から、付近の人夫のほかに明治維新後の騒乱による囚人などを集め、何段もの「石護岸」工事に着手した。

コンサルタント会社の名古屋支店長・中村稔は、当時の大崖砂防工事に関する多数の資料を集め、砂防工事を詳細に調べている。ここでは、中村が調査した資料から当時の工事現場の描写を引用しよう。

「…仰ぎ見れば大なる禿山あり。数多くの人の蟻付けるはいわゆる豆人のごとし…」「…谷を隔て、洞谷の山崖《さんがい》に雇夫《ようふ》数千蟻付けするを望む。…谷下は淤沙《おしゃ》（シルトの中国語）浩々《こうこう》（広々と）琢石《たくせき》（石を刻む）の声満つ。…〔カッコ内は著者注〕」「…蘭《あららぎ》川を隔てて洞谷あり。…谷底より峠まで一里に余れる絶壁に…」「…大崖は渓流の向こう側にあり、恐ろしき程の大崖で…」と、当時の新聞記者や内務省三等編輯官《へんしゅうかん》さらに松本尋常高等小学校長らが記述している。

これらの記録から、谷を遥か下に見て、荒れ果てた山肌にまるで蟻が蝟集《いしゅう》するように無数の人夫たちがへばりつき、土砂流出防止の山腹工事をおこなっていたことが想い描かれる。

なお中村は、明治天皇が「輿を駐めて御覧」になった天覧の場所について、下り谷集落から吉川英治作の宮本武蔵で有名な雄滝《おたき》上までの中山道沿いで、しかも大崖全体が見渡せる地点として、宝暦年間（一七五一～一七六四）と文政年間（一八一八～一八三〇）の庚申塚《こうしんづか》が建立されている付近であると推測している。

## デレーケの指導による大崖砂防堰堤

デレーケは各地で砂防堰堤を建設しており、中部地方では、養老山地の岐阜県側にデレーケの指導によってつくられた堰堤が数多く残っている。

木曽川上流域の大崖砂防堰堤もデレーケの指導で建設されたものである。その根拠として中村は、一八七九（明治一二）年五月に二回、デレーケが技師長ファン＝ドールン（Van Doorn）へ送った手紙から、デレーケの大崖への出張を推測し、佐田六等属による一八八〇年八月の出張日記にも、「三留野を発す、途中妻籠駅工場を検す、これ過般天覧に供せし工場なり。工師（デレーケ）種々工法を示す、午後七時中津川駅に至りて泊す」と記されていることを挙げている。

さらに中村は、デレーケが一八八〇年九月に書き残した手紙を紹介している。

「エッセル（一等工師）の言うように、砂防の山腹工を作ってみたら『藁編工《わらあみ》』が完成し、人びとが多くの場所でたくさんこの工法を使用しています。（略）天皇のご一行は、六月に中山道を通って、藁編工をご覧になりました。その近くにあった天覧席の跡がまだ見えました」

これらの資料から、デレーケが五月に大崖の現場を視察した後、ほどなく砂防堰堤工事が始まったものと考えられる。

なお、この堰堤建設に従事した作業員の多くは、一八七七年の西南戦争で敗れた薩摩軍の兵士たちであり、南木曽町の「広報なぎそ」（一九八七年九月刊）の「地名考」に、「この付近に囚人屋敷・囚人墓地等の地名が残っている」と記されている。

宝暦の治水工事として知られた木曽三川の治水工事をおこなった薩摩藩の後裔《こうえい》が、奇しくも木曽川支川で明治時代に砂防堰堤を築いており、歴史の不思議さを感ぜずにはいられない。

**一〇〇年ぶりに掘り出された大崖堰堤**

一九八二年、当時建設省（現国土交通省）多治見工事事務所所長の松下忠洋は、明治天皇が巡幸途中に工事中の砂防施設に立ち寄った記録「信濃御巡幸録」をもとに、大崖沢での砂防施設の存在を予測した。

堰堤の発掘現場（国交省多治見砂防国道事務所所蔵）

その後、南木曽町役場と多治見工事事務所上松出張所の職員による熱心な調査が始まった。やがて調査の焦点は、中山道木曽路の妻籠宿と馬籠宿の中間、木曽川左岸へ流れ込む蘭川の小支川・男垂《おたる》川の沢筋（木曽郡南木曽町吾妻地先）に絞られ、デレーケが指導した巨石堰堤との出会いを求めて真剣な捜索が続けられた。

一九八二年五月のその日も、必死の調査にもかかわらず堰堤は見つからず、日が暮れかかり疲れきった職員たちは、帰りの重い足どりで谷の一番深いところを渡ろうとした。そのとき、石垣のような石積み数個が露出しているのが見えた。「おい、これじゃないのか！」職員たちは口々に快哉を叫んだ。いままでの苦労が吹き飛んだ瞬間だった。

この偶然ともいえる状況で、念願の堰堤が発見されたのである。それは空石積み堰堤で、およそ四メートルの厚さの土砂に埋まっていた。堤長は四八～五〇メートル、堤高は上流側三メートル、下流側五メートル、天端幅が四・二～四・五メートルで、勾配一／四・六の谷底に設置されていた。

堰堤に使用されている石は一部割り石も見られたが、ほとんどは現地の花崗岩《かこうがん》をそのまま使用している。平均的な石の大きさは長径三〇センチ、短径二〇センチで、堰堤内部は礫《れき》や表面と同じ大きさの石が詰められていた。

大崖砂防堰堤とその周辺は、現在、保存整備されて大崖砂防公園として生まれ変わった。長野県道七号に沿って吉川英治の小説『宮本武蔵』で一躍有

大崖砂防公園の砂防堰堤

名になった雄滝《おたき》と雌滝《めたき》を左に見ながら妻籠方面へわずかにいくと、「大崖砂防公園」の看板が見える。そこから車一台がやっと通れる狭い道を上っていくと、砂防公園の駐車場に着く。四阿《あずまや》のある高台に立って下を覗けば、積み上げられた堰堤の一部をまのあたりにできるが、当時の土木技術とともにここに働いた数多くの人びとのさまざまな人生に思いを寄せることになるだろう。

この堰堤建設を指導した四等技師デレーケは、長年にわたって数々の治山・治水工事をおこなった。その功績に対して、技師長のファン＝ドールンが贈られた勲四等旭日小勲章よりも上位の、勲二等瑞宝章が明治政府から送られた。期待以上の使命をまっとうしたお雇い技師ヨハネス＝デレーケは、一九〇三（明治三六）年、三〇年の長きに及んだ日本での暮らしを終え、故国オランダへ戻っていった。

## 2　頻発した土石流

近年の土砂災害の発生件数は、一番が崖崩れ、二番が土石流、三番が地滑りである。このうち土石流は、その発生件数から見ると全体の二〇パーセント弱であるが、土砂災害に占める被害規模の割合から見れば七〇パーセントを超えるのである。

木曽川流域の荒廃地を視察するため、急崖のつづく滑川沿いを伝って木曽駒ケ岳をめざしたオランダ人技師デレーケは、一人の人夫がデレーケの体を縛った綱を引っ張り、他の一人が体を後ろから押して、まるで凧揚《たこあ》げをするような格好で登ったという。この登山の際に滑川を見て、「この場所の砂防工事は、現在の技術ではとうてい困難だから、もっと技術が進歩してからおこなうのがよい」と言ったと伝わっている。このように、木曽川左岸沿いのほぼすべての渓流が土石流発生地帯であり、現在も、上松から中津川までのすべての渓流が「木曽川直轄砂防区域」に指定されている。

土石流は、「山津波《やまつなみ》」「蛇抜《じゃぬ》け」とも呼ばれ、巨礫《きょれき》が流れの表面や先頭部に集まり、樹木を倒壊し、ときには砂防堰堤をも破壊して直進する土石と水が混合した流れである。その流下速度は、斜面の勾配・流量・土砂濃度さらに土砂の粒度分布によって異なり、時速数キロから一〇〇キロを超えるものまである。直径数メートルの巨石がこの速度で直進して流下するため、村が完全に消滅した事例が多くの地方に伝わっている。

木曽駒ケ岳に登るデレーケ

南木曽町は花崗岩地帯である。表層部の花崗岩は、温度変化や地下水の浸透など物理的・科学的な作用で風化が進行し、砂状になりやすい。こうして砂状となった風化花崗岩は「真砂土《まさど》」と呼ばれ、粘着力が弱く、水分を含んで飽和状態になると斜面の崩壊が発生しやすい。

ここでは、古くから発生してきた南木曽の土石流を中心に、典型的な土石流災害だけを取り上げよう。

## 南木曽で発生した悲惨な土石流——与川渡しのお地蔵様伝説

国道一九号で南木曽商店街を通り抜け、木曽川左岸の支川・与川に沿って急坂を車で上っていくと、発電所がある。この発電所の上に「与川渡しのお地蔵様」が祀ってある。

一八四四（弘化元）年旧暦五月二七日、尾張藩の用材を伐採中だった与川中野沢で大蛇抜けがあり、杣《そま》小屋三、日庸《ひよう》小屋四、会所一棟が一瞬にして山津波に呑み込まれ、一一四人もの命が奪われた。この犠牲者たちは、おもに近郷の出身者であった。その供養塔として建立されたのが、先の地蔵である。

この災害に関する詳しい記録はないが、言い伝えでは、「夜から、しのつくような大雨が降り出し、止むことなく降り続いた真夜中に、山奥の方から大声で、『やるぞー、やるぞ！』と、雨音をつんざいて声が聞こえた。杣人たちが大声で、『おう、よし、よこせ！よこせー』と、怒鳴りかえした。そのとたん、昼をあざむくような稲光、続いて天地も裂けるような雷鳴と山鳴り・地響きがおこり、あっという間に泥水にのまれ、押し流されてしまった」と、伝わっている。「やるぞー」と叫んだのは怒れる山の神だったのだろう。それに応えてしまった杣人たちが濁流に呑み込まれた、という寓話仕立ての話である。昔の人びとはこうして被害の恐ろしさを天地の神々の災いとして語り残すとともに、山崩れの前兆を察知する手がかりを教訓譚として後世に伝えていったものであろう。

与川のお地蔵様と巨石

この「与川渡しのお地蔵様伝説」は、尾張藩の強引な木材伐採が山の保水力と耐浸食性を低下させた結果、豪雨によって土石流が発生したことをいまに伝える。なお、災害発生前に声が聞こえたとの言い伝えは、岐阜県川島町の「ヤロカの大水」をはじめ多くの地に伝わっている。

**吾妻村の蛇抜け**

一九〇四（明治三七）年というと日露戦争が始まった年だが、その年の七月に長野県吾妻村（妻籠、蘭《あららぎ》、広瀬地区）は大土石流に襲われた。

大雨は七月九日から降り出し、蘭川は轟々と音をたてる濁流となった。一一日の午前一時ごろ、ついに蘭川に注ぐ数々の小渓流で土石流が発生し、各所で道路や橋が破壊され、家屋や田畑が土石で覆い尽くされた。死亡者は、妻籠地区で七人、蘭地区で八人、広瀬地区で三二人、流失家屋は吾妻村全体で五七戸であった。

広瀬地区の巨石上の「南無阿弥陀仏」名号碑

当時の村の記録は惨状を、「広瀬へは小山のような大岩石が押し出し、人家・道路を打ち砕き、妻籠は橋場以下妻籠駅の西裏をかすめて大岩石・大木等が転流し、道路・家屋等は押し流され、蘭川の両岸は山際までの熟田全部を流し去り、一面の河状に変じ」と、土石流に襲われた集落の惨状を伝えている。さらに、被災者のありさまを、「母を訪ねて泣く子あり、老父を探して彷徨《ほうこう》するあり、子女の安否を気遣い涙に目のくらむあり。蓬髪《ほうはつ》・裸足《はだし》・濡れ着のまま、雨中に立ち尽くして泣くものあり」「一家全滅三戸、一家一三名の内一四歳の子女以下四名助かり九名死亡、出征軍人の留守家族四名の内三名が死亡、一一歳の女子が翌日泥の中から救出」、と伝えている。

なお、この災害の二か月前の五月には、長野県飯田市へ通じる大平《おおだいら》街道の建設現場で第一四工区の飯場が土石流で流失し、二二人の犠牲者が出た。亡くなった一人は妻籠の人で、他はすべて岐阜県安八郡から働きに来ていた人びとであった。この慰霊碑が口広瀬手前の長延寺に祀られている。北陸出身の工事請負人が災害後に妻籠に住み、犠牲者を慰めるために「南無阿弥陀仏」の名号碑を建立したのであった。

**山口村の災害**

一九五三（昭和二八）年六月、木曽谷では例年になく降雨量が多く、すでに地盤は緩み、川は増水していた。七月中旬には低気圧の停滞前線が当地域に多量の降雨をもたらした後、一九日午前九時から二〇日午後一二時までに二五三ミリの集中豪雨が山口村を襲った。木曽川左岸に注ぐ大小の沢はたちまち激流と化し、二〇日早朝、花崗岩地帯にある山口村を土石流が襲った。

当時の山口村村長・牧野篭は、「全村民必死の水防も効無く、幼き少年の命を奪はるるのみか、一朝にして、山河ともに容を改めるの惨状に曝されるに至り、一瞬村民は茫然自失、為すところを知らざる。いま更ながら、災害の大なるに唖然として歎声を発するのみ」と、土石流災害復興の陳情書に書いている。

災害状況は、罹災者二六〇人、負傷者は死者一人を含め四人、全・半壊一六戸、床上浸水一四戸、床下浸水三二戸のほか、国道・村道・林道の崩壊や陥没、橋梁の流失・半壊が三三か所におよび、山口村への入り口となる東西の国道・鉄道が土石流で埋まり、通信が遮断されて、山口村は陸の孤島となった。

**白い雨——伊勢小屋沢の蛇抜け**

山口村が被災したとき、木曽川右岸の伊勢小屋沢でも大土石流が発生した。読書《よみかき》中学校（南木曽町）の上の伊勢小屋沢から発生した土石流は、職員住宅にいた太田美明校長の幼い長女と長男の二人さらに他の教諭の妻を襲い、命を奪った。

この災害で亡くなった幼い兄弟を慰める「悲しめる乙女の像―蛇抜けの碑―」が一九六〇（昭和三五）年に建立された。その台座には、土石流発生についての言い伝え（俚諺《りげん》）が刻みこまれている。

「白い雨が降るとぬける／尾先　谷口　宮の前／雨に風が加わると危ない／長雨後　谷の水が急に止まったらぬける／蛇ぬけの水は黒い／蛇ぬけの前にはきな臭い匂いがする」

これらの意味は次のように解釈できる。「尾先　谷口」つまり尾根の先や谷の出口は、古くから土石流が襲いやすいところ。「宮の前」は土石流には関係なく、お宮の前に家を建てると、お祭などの際に多くの知り合いが家に寄るので費用がかかることを述べている。要するにこれらの土地に家を建てるなら注意せよ、ということである。「谷の水が急に止まったらぬける」は、渓流や沢が土石や流木で塞がれ、一時的に水が止まるが、止められた水が増加すると一瞬にして土石や流木でできた堰は破壊され、土石流が発生する。「蛇ぬけの水は黒い」は、多量の土砂が流水とともに流下するから黒くなる。「きな臭い匂いがする」は、岩石と一緒に流木が流出する際、摩擦で生じる発熱現象を表している。また岩石と岩石がぶつかり合って巨大な火花を散らすこともある。花崗岩を両手にもって叩き合ってみれば、火花が飛ぶ様子がわかるが、こうした火打ち石の原理がスケールアップしたことを想像すればよい。

悲しめる乙女の像

さて、「白い雨」とは激しい雨を呼ぶ「篠突《しのつ》く雨」よりも激しい雨で、気象用語では時間降雨量三〇～五〇ミリは「激しい雨」で、俗に「バケツをひっくり返したような雨」といわれている。五〇〜八〇ミリになると水しぶきで、あたり一面白っぽくなり視界が悪くなる。この雨を「白い雨」と呼んでいる。

俚諺《りげん》とはいえ、被災の教訓を後世に伝える貴重な記録といえるだろう。

## 南木曽方式による災害復旧

その後も、南木曽町は土石流に襲われた。一九六五（昭和四〇）年七月に発生した土石流災害の災害復旧工事中の翌年六月に、ふたたび土石流が三留野、神戸、渡島の各集落を襲った。

木曽谷では、午後三時過ぎより雷をともなったにわか雨が降り出し、南木曽町の三留野を中心とするわずか一〇平方キロの範囲に豪雨が襲った。雨量はおよそ三時間で一七〇ミリに達し、最大時間降雨量は一〇五ミリであった。

この豪雨で国道一九号と交わっている大沢田川、蛇抜け沢、和合沢、神戸沢、戦沢で土石流が発生した。大沢田川では前年以上の大災害が再発し、再度の土石流発生を危惧していた神戸沢では不幸にも予測が的中した。

この土石流による一般被害は、のちに死亡した一人を含み、重・軽症者一〇人、全壊流失は三八棟、半壊二四棟、床上浸水二四棟、床下浸水六三棟であった。一方、公共施設は橋梁七か所、道路五か所、さらに砂防施設や河川などに甚大な被害が発生した。

この災害を契機に、治山・治水などを管理する官庁が統合的な一貫性をもって、過去の予算経過にとらわれず集中的に工事をおこなう「南木曽方式」が採択された。この方式により、中央官庁の建設省（現国土交通省）、林野庁、県の関係部局、長野営林局などが相互に緊密な連絡をとり、大幅な予算を計上して初年度に重点をおいて緊急に工事を進め、翌年の梅雨前期までには一応安全な施設を建設することになった。この「南木曽方式」は、省庁の壁を超えた横断的な体制づくりによる災害への取り組み方、対処の方法という点で、世間の注目を浴びた方式であった。

# 3 巨石をも動かす木曽川の激流

奇岩織りなす木曽川を眺めていると、慌《あわ》ただしく心落ち着かない喧騒《けんそう》な日々を送っている都会人の心はいっとき晴れ晴れと解き放たれ、川の渦巻く流れの音も、心を癒すやさしい歌のように聞こえてくる。

しかし、ひとたび洪水が発生すると、奇岩は濁流に水没し、上流から転動してくる巨石は岩を打ち砕き、いつのまにかなくなったり、激流によって下流に押し流されてしまうこともある。ここでは木曽川に点在する多くの奇岩のなかから、絶景をつくりだしていた巨岩「小枝ヶ岩《さえだがいわ》」の流失と、寝覚の床にある「象岩」の移動とを取り上げ、木曽川の激流の激しさに思いを馳せてみよう。

## まぼろしの岩・小枝ヶ岩（巴ヶ岩）

木曽義仲と縁の深い木曽郡日義村の木曽川右岸に、巴御前とともに木曽義仲に仕えた女武者・山吹の名がついた、ひときわ高い山吹山がある。この南方を流れる木曽川には巴ヶ淵という深場があり、その下流に一本の大きな松をいただく大岩があった。人びとは、木曽義仲の母の名前にちなみ「小枝ヶ岩」とも、あるいは巴御前にあやかり「巴ヶ岩」とも呼んでいた。

一九一五（大正四）年の『西筑摩郡誌』には、「山吹山の南方木曽川中に屹立《きつりつ》せる奇巌なり、岩上松樹一株あり

ありし日の小枝ヶ岩（『木曽の錦』から）

名木とせらる。小鳳来山を観るが如し」と記されている。

日義村は木曽川の上流部に位置し、雪解けのころや梅雨の時期にはたびたび大水となって、大岩の半分以上が流水に沈んだが、ただ一本生えている立派な枝ぶりの松の木まで水に漬かることはなかった。

ところが、この大岩が押し流され、なくなってしまったのである。大岩が流された日時については、地元の人びとの証言はまちまちである。大岩を知っている婦人は、「私がお嫁にきた太平洋戦争直後までは、まだあったよ。すごい岩じゃった」と話す。一方、大岩より少し下流の古老によれば、「戦前に流されてなくなったよ。たしかにあった、こんな岩が…。悪ガキどもが登ろうとしたこともあったが、誰も登った人はおらなんだな」と差し出した小枝ヶ岩の写真を見て懐かしそうに語ってくれた。

正式な記録もなく、大岩の流出日を特定する術《すべ》はなく、いま、そのあたりの川底にも往時の面影を見つけることはできない。いまは幻の大岩となってしまった。左岸に使われなくなった用水の取水口が残っていて、「あのあたりだったでねぇ」と語る近くの婦人の証言から、わずかに小枝ヶ岩の場所だけがわかった。

## 寝覚の床を歩いた象岩

現在、木曽川の流れは、本・支川に建設された多くのダムによる流水調節で、岩を喰む昔の激流の様相は一変し、さまざまな形をした岩からなる寝覚の床付近も穏やかな流れになっている。しかし、昔は豊富な水が巨岩・奇岩を洗うように流れ下っていたのである。

寝覚の床に突き出た岩上に、尾張藩士で俳人だった横井也有の句碑がある。当時の激流の様子を詠んだ「筏士に何をか問わん　春あらし」が刻まれ、飛沫を上げながら激流を漕ぎ下る筏乗りの姿を瞬間にとどめた傑作で、雪解け水で嵩《かさ》を増した当時の木曽川の激流を彷彿とさせる。

寝覚の床の岩には、俎板《まないた》岩、釜《かま》岩、釣舟《つりふね》岩、硯《すずり》岩、床《とこ》岩、屏風《びょうぶ》岩、畳《たたみ》岩、象《ぞう》岩、腰掛《こしかけ》岩など多くの岩に名前がついている。

「寝覚舊跡図」の一部（臨川寺所蔵）

一七六五（明和二）年の「寝覚舊跡図《きゅうせきず》」や一八八四（明治一七）年の「信州西筑摩郡上松町字寝覚浦島旧跡臨川寺図」、さらに一九〇一年の「寝覚山臨川寺之景」には、左岸にある腰掛岩の上流に象岩が描かれている。ところが現在、いつ移動したのか不明であるが、大きな象岩は腰掛岩の下流に移動している。

そこで、象岩を写した写真を集めて、いつごろ、この岩が移動したのか調べてみた（次ページ写真）。なお、図や写真は臨川寺のご住職の協力によった。近藤写真館が撮影した「木曽名所絵葉書」の写真右下には、象岩が腰掛岩の上流にあるが、この写真は撮影年代不明である。一方、臨川寺所蔵の一九〇九年の写真では、象岩は腰掛岩の上に載っている。

これら二枚の写真と一九〇一年の図より、一九〇一年〜一九〇九年の間に、象岩は腰掛岩の上に載ったと考えられる。なお、現在の象岩は、腰掛岩よりさらに数メートル下流へ移動している。

近藤写真館が撮影した「木曽名所絵葉書」の右下に見える象岩

1909（明治42）年の写真（臨川寺所蔵）と同じアングルでの右隅の象岩

象岩は、重さ約六〇〇トンと推定される巨大な岩である。この巨大な岩が木曽川の激流によって腰掛岩を乗り越えたわけで、寝覚の床の渦巻く激流が目に浮かぶようである。

## 【コラム】洪水の規模を予測するかわず石

現代のような気象予報がなかった時代、川沿いの集落では、雨が降ると川に出て、川に露頭している岩盤の水没状況から増水の早さを見積もり、経験的に出水規模を予測していた。たとえば天竜川には、いくつもの弁天社が川中や岸辺の岩盤上に奉られており、これらの弁天社は出水規模の目安石ともなっていた。

かわず石

長野県上松町正島の「かわず石」は、木曽川に面する木工団地対岸の川中にある。下流の流れを見つめる蛙そっくりな形をしているところから、地元では親しくそう呼ばれている。この岩が洪水の出水規模を予測する貴重な「水計石《みずはかりいし》」であった。

昔の人たちは、大雨が降ると「かわず石」を見にきて、「もう水が蛙の胸まで来た！」「蛙の首まですぐに水が増えた！」などと、増水する川面と水に浸かる蛙を見比べて、これからやって来る洪水の規模を予測した。事実、堤防が不備なころには、「かわず石」がついに水中に没すると、正島一帯も洪水で水没したのである。

こうした水計石は、木曽川の上流域にはたくさんあると考えられる。水計石の存在は、しだいに人びとの記憶から忘れ去られつつあるが、水難とたたかってきた川筋の人びとの歴史を知る遺跡として、大切に保存していきたいものである。

# 第7景

# 川と人びととのたたかい

# 1 木曽川上流域での水田開発——開田高原

木曽川下流の平野部では、水利さえ整えば、上流から運ばれた肥沃《ひよく》な土壌によって豊かな米作や野菜栽培も可能であった。そこで下流域では、尾張藩は増収のために新田開発を奨励し、早くから水利を整備する事業をはじめていた。

一方、木曽川の源流部では、山林がほとんどを占めて平坦地が少なく、耕作地を開くことは並大抵の苦労でなかった。さらに、上流部の開発は林産資源に中心が置かれていたため、藩は、庶民の耕地開拓に対してほとんど顧みることはなく、人びとはみずからの手で斜面を削りならし、水を引き、膨大な時間と労力を費やしてやっとのことで狭い耕地を手に入れたのである。

上流部では、周辺に溢れるばかりの沢水はあっても、それを耕地まで引き込む作業は容易

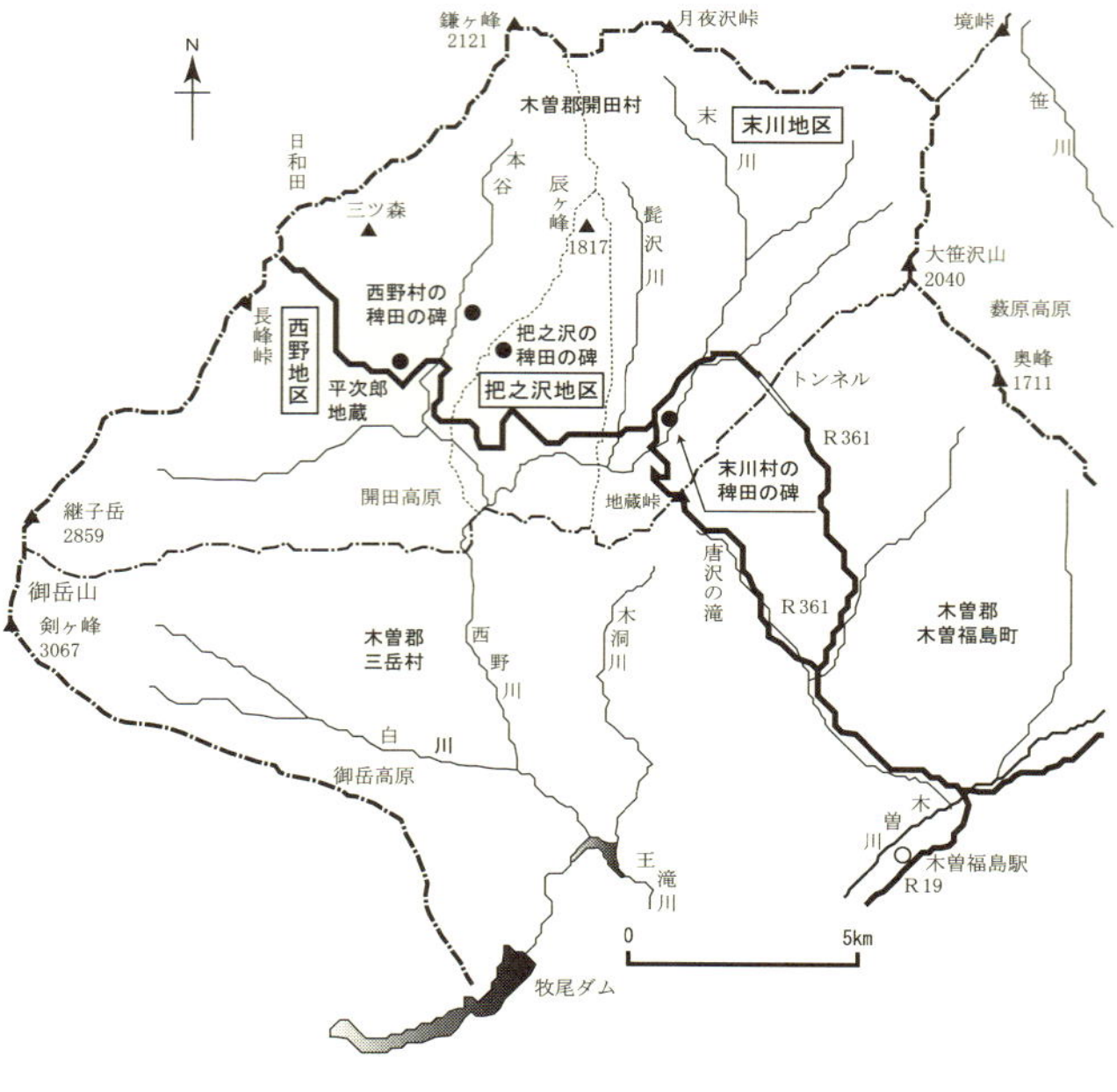


開田村周辺と「稗田の碑」の建立位置

ではなかったのである。まずは木曽川上流部での水田開発について、開田村を例にとって紹介しよう。

開田村は、木曽御岳山麓の北東に広がる標高一一〇〇〜一二〇〇メートルに及ぶ高原地帯に位置しており、気温は北海道なみの典型的な寒冷地山村である。この村の全面積一四九・五四平方キロのうち、わずか約三パーセントが田畑で、八九パーセントが国・村・民有林の、山懐に抱かれた村である。

開田村は木曽馬の産地としてよく知られている。春の雪解けを待って咲く白いミズバショウやコブシの花、夏の入道雲の下を駆け回る木曽馬、秋には白い可憐な花を咲かせる蕎麦《そば》の花、冬にはスキーと、多くの行楽客が四季折々に訪れている。しかし、開田村も、昭和時代以前は貧しい寒村地帯だったのである。

## 稗田《ひえた》の碑

よく日常生活のなかで五穀豊穣の言葉を耳にする。五穀とは米・麦・粟・黍《きび》・豆を指し、稗は六穀のなかに入る。稗は縄文時代に中国から伝来したと伝えられ、夏に円柱状の穂をつけ、小さな実は食用や鳥の飼料とされ、一般には凶作時の作物として栽培されていた。

開田村には、「稗田の碑」が三つある。一七七六（安永五）年に建てられた末川《すえかわ》地区の碑、一八〇二（享和二）年の把之沢《たばんさ》地区の碑、一八〇六（文化三）年の西野地区の碑である。

末川と西野地区の碑は開田を祝って建立された碑であるが、把之沢地区の碑は水田開発で亡くなった犠牲者を弔う供養碑である。供養碑の中央には、「為稗田開発菩薩」と刻まれており、西野村で初めて水田を開発した青木友綿の長男で、庄屋であった青木友章《ともあき》の発案によって把之沢の人びとが建立したものである。

ここでは、一番早く開田をおこなった末川地区の「稗田の碑」について語ろう。なお末川地区は、地蔵峠を越えて開田村に最初に入る地区で、「稗田の碑」は道路沿いの末川大橋手前にある。

稗田の碑（中央の石像）

一般に、開田を記念した碑には、「〇〇開田記念碑」あるいは「〇〇顕彰碑」などと記されているが、開田村の開田の碑には「稗田の碑」と刻まれている。この「稗田」の文字は開田された田でまず稗を栽培したことによる。

一七二四（享保九）年に木曽谷全体でおこなわれた検地の際、末川村、西野村にはまったく水田がなかった。検地から二四年後の一七四八年、末川村の庄屋中村彦三郎は山村代官から水田開発資金五〇両を借り、数年後に二二・五ヘクタールの稗田をはじめて開発した。

彦三郎は現在稗田の碑が建立されている小野原付近の試験田で、延享年間（一七四四～一七四八）にまず稗をつくり、その後奥州から早稲《わせ》種の稲を取り寄せて栽培に成功したのである。

『開田誌』は彦三郎の苦労を、「開田半ばにして彦三郎は耳が聞こえなくなり、福島役所の山村代官は息子に庄屋を継がせ開田の総仕上げをさせた」と記している。工事期間や用水路工事に関する資料は見つかっていないが、「耳が聞こえなくなる」ほどの苦労を協力者の下島権六と重ね、ようやく村人たちが望んでいた水田を開発したのである。

稗田から安定して作物が収穫されるようになった一七七六（安永五）年、彦三郎（是助）はすでに七三歳の高齢となり、村人は彦三郎に感謝して「稗田の碑」を建立することを決めた。碑の銘文は、木曽代官八代目山村良由《たかよし》（蘇門）の家臣で学友でもあった石作《いしづくり》貞一郎（号は駒石《くせき》）が、村人に頼まれて書いた。

彦三郎による水田開発後一二〇年以上経過した一八七三（明治六）年ごろには、開田村での米の生産高は約三五〇石近くになった。その後も水田開発がおこなわれ、一八八〇年には、田の面積が一三三ヘクタールにまで増えたが、村人の食生活は三割の米と七割の稗・粟という、まだまだ米を自給するには程遠い貧しいものであった。

## 【コラム】一汲《ひとく》みの水とおきよ地蔵

開田村は山々に囲まれた盆地地形を成しており、多くの峠で開田村と他村とが通じている。現在、開田村へのおもな入り口は、国道三六一号で岐阜県側の日和田高原から越える長嶺峠と、いまひとつは長野県木曽福島町側から越える標高一三三五メートルの地蔵峠である。この峠は、お地蔵さんが祀られていたので地蔵峠と名づけられた。もともと峠とは、頂上で通行人が道中の安全を祈って道祖神に手向けをした「たむけ」が音韻変化したもので、道の結界に建立された地蔵や道祖神は、外から闖入《ちんにゅう》する魔を祓い、外へ向かう旅人には道中の安寧《あんねい》を保証して、その背中をやさしく押してくれたものである。

峠にあった地蔵は、一七二八（享保一三）年に末川の講中（神社・仏閣への参詣や寄進などをする団体）が祀ったものである。ところが、この地蔵は一九六五（昭和四〇）年に罰当たりにも盗難に遭い、現在の地蔵は末川の有志によって一九七二年に再建されたものである。

このほかに、峠に祀られている地蔵には「西野峠のおきよ地蔵」が

地蔵峠のお地蔵様

ある。この地蔵は、把之沢《たばんさ》から西野峠を登り、城山入り口右側のお堂の中にある。この地蔵には次のような伝説が語り継がれている。

昔、木曽義仲が城山に陣取った。義仲に側女《そばめ》として仕えていたおきよは、義仲に飲ませる水を把之沢へ汲みにゆき、誤って足を滑らせ谷へ落ち、若い命を失ってしまった。これを哀れんだ後世の人が、おきよの供養にこの地蔵を祀ったと伝えられており、台座には寛保二（一七四二）年の年号が記されている。

水利の不便だった土地に残る悲しい話だが、水汲みの苦労は上水道が整備される昭和の時代まで山国の人びとを苛《さいな》んだのである。

## 2

# 御囲堤の建設——人柱に託された悲願

つぎに木曽川下流の平野部に目を移し、尾張藩の川への取り組みを見ていこう。

徳川家康は伊奈備前守忠次（一五五〇〜一六一〇）に命じ、名古屋城築城開始前年の一六〇八（慶長一三）年、木曽川左岸の犬山から弥富まで延長約四七キロに及ぶ、「御囲堤《おかこいづつみ》」と称する堤防の築造を開始した。尾張平野を取り囲むこの堤防建設は、木曽川の河道を安定させ、尾張側の耕地を洪水から守るための大工事であったが、そのほかに、東軍側の防衛最前線の強化、さらには名古屋城築城用木材の木曽谷からの安定した運材という目的もあった。

御囲堤の経路についてては諸説あるが、一六四六（正保三）年に佐屋川が開削される以前、たぶん、一五八六（天正一四）年に発生した天正の洪水のころに、不安定ながら「前佐屋川」はできあがっていたようである。したがって、一六〇八年からの御囲堤は「前佐屋川」左岸側に建設され、一六四六年に、佐屋川が美濃側への洪水軽減とさらに木曽木材の安定な水路輸送のために、木曽川左岸の拾町野（祖父江町）から放水路と輸送路的性格をもって開削されたと、考えるほうが自然であろう。

御囲堤の高さについて、「対岸美濃の諸堤は御囲堤より低きこと三尺（約一メートル）たるべし」と史料に書き残っているように伝わっているが、こうした史料はない。一七九一（寛政三）年と一七九九年に尾張側の堤防を三尺嵩《かさ》上げした記録を、後世の人が〝不文律〟と解釈したのだろう。

### 御囲堤と用水路建設

一六〇九（慶長一四）年の御囲堤完成によって、木曽川左岸に位置する尾張の水利用は一変した。

一之枝（石枕川）、二之枝（般若川）、三之枝（浅井川）、黒田川などが廃川と決まり、農業用水の取水口建設が必要不可欠となった。そこで一六〇八年、木曽川派川の二之枝（般若川）の閉め切り地点（江南市）に用水の取水樋門を建設し、従前のように青木川から五条川に入る幹線水路を新設した。これを般若用水と称した。次いで同じ

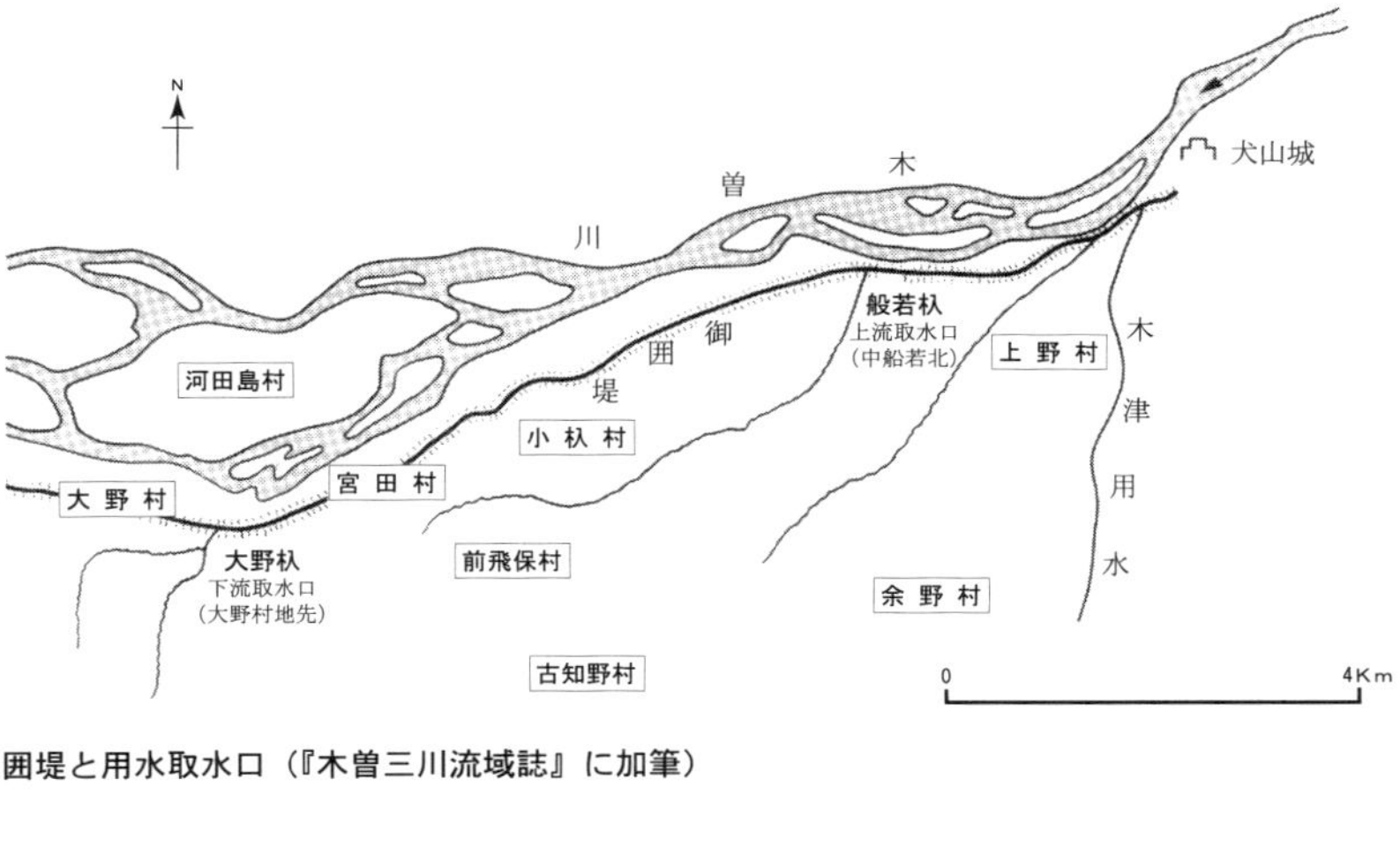


御囲堤と用水取水口（『木曽三川流域誌』に加筆）

年に、下流の大野地点（一宮市）に取水樋門を建設して、大江川（大江用水）に結んだ。これが現在の宮田用水の原形となった。なお3節で詳しく述べるが、さらに、入鹿池が一六三三（寛永一〇）年に完成して、尾張平野北中部上流域へも灌漑用水が供給されはじめた。

上流域の新田開発がひと段落つくと、現在の小牧、春日井など尾張北中部の原野開拓に目が向けられた。そこで新たな用水開発が望まれ、一六四八（慶安元）年に木津《こっつ》用水が着工された。木津用水は、丹羽郡木津村（現犬山市木津）に取水口を設け、丹羽郡小口村《おぐち》（現丹羽郡大口町《おおぐち》）までの五〇キロの用水を掘り、合瀬川《あいせ》に合流させ、一六五〇年に完成した。その後も幾度か改修され、一七一二（正徳二）年までに約五二〇〇ヘクタールの新田開発が進み、用水路は庄内川に通じた。明治になると、愛船株式会社ができ、犬山から名古屋まで木材・米・薪炭などがこの用水路を通って運ばれるようになった。

このように、頑丈な御囲堤と用水路や入鹿池の建設によって、尾張側の新田開発は洪水の憂いなく進行していったのである。

## 御囲堤と起《おこし》の人柱

御囲堤工事の費用と労働力を記録した文書はないが、工事がどれほど困難であったかを推測させる話として、現愛知県尾西市起の人柱について触れておこう。

伊奈備前守は、木曽川整備のため、起《おこし》と小信《このぶ》の境である五《い》ツ城《しろ》川（小信川）口を閉め切る工事を始めた。しかし、工事は天候も災いして難工事を極めた。幾度となく閉め

起の人柱与光観世音菩薩像

切ってもすぐに堤防の下手から川水が渦を巻いて湧き上がってくる。手の施しようがなかった。これは水神様《すいじん》の怒りにふれたのではないかと話が出るまでになった。しかたなく水神様に生け贄《いにえ》を捧げることになったが、誰という案もないまま、人びとの目は念仏行者の与三兵衛《よそべえ》に集まった。

与三兵衛は日ごろ世話になった人たちへの恩返しに、みずから進んで人柱になると申し出た。一六一一（慶長一六）年の夏、与三兵衛は生きたまま立ちながら堤防のなかに埋め込まれたのである。ついにこの大工事は完成したのだが、それ以来、雨の降る夜には、このあたりに怪火の飛ぶのを見たという人が現れた。この地はいまなお、与三ケ巻《よそがまき》と呼び、与三兵衛の話が伝えられている。

河川改修と人柱の話は他の地域にも多く残っている。こうした話から、真偽のほどはどうあれ、川を治めることを願った人びとの切実な心が強く伝わってくる。

### 御囲堤の功罪

一六〇九年に完成した御囲堤の建設以前には、一五九五（文禄四）年から一六〇五（慶長一〇）年までの一〇年間に七回の水害の記録があり、一六〇六年には葉栗郡江川村での破堤（伝馬切）、翌年は尾張・三河が洪水に見舞われ、一六〇八年には尾張・美濃が洪水に襲われた。三年続いた尾張の洪水は、御囲堤の設計に大きな影響を及ぼした。

御囲堤が完成した直後の一六〇九年五月と六月には四か所が破堤し、その三年後には下流の塩田堤が切れ、津島の町家が浸水したが、その後、御囲堤に大きな破堤はない。順次補強が施され、ますます強固となった御囲堤によって、尾張側はほとんど完全に護られることになり、尾張側の新田の開発は急速に進むことになったのである。

かつて木曽川左岸から尾張のほうへは多くの派川が流れ出ており、増水時にはそれらの派川が放水路の役目を果たしたため、美濃側の洪水被害は相当緩和されていた。しかし、御囲堤の建設によってこれらの河川が木曽川から閉め切られると、御囲堤自体が丈夫につくられていたため、木曽川筋での流送土砂が木曽川の河床を上昇させ、木曽川の濁流は長良川や揖斐川へ流れ込み、美濃側の被害をいっそう大きく悲惨なものにした。一六五〇（慶安三）年の木曽川の出水では、一説に美濃地方の死者は三〇〇〇人に達したといい、一七〇一年の出水では五〇年前の出水よりさらに約六〇センチも水位を高めたという。

御囲堤の建設は網目状につながっていた木曽・長良・揖斐川の流れの状況を変え、災害の様相を変えるとともに、また新しい施策を必要とした。その最たるものが、長良川と揖斐川との氾濫の減少を企てた一六一九（元和五）年の大榑川《おおぐれ》の開削であった。

この工事は長良川筋の輪中を守るうえでは効果を発揮したが、長良川の洪水は、川底が約一・四メートル低い大榑川へ奔流《ほんりゅう》となって流れ込み、揖斐川周辺の輪中にいっそう大きな負担を強い、さらに危険を増すことになった。この大榑川は、宝暦治水工事などで洗堰《あらいぜき》とされ、揖斐川への流下量を減少させる策が講じられ、さらに明治の木曽三川改修でようやく完全に閉め切られた。

もともと秀吉の建設した堤防を補強する形でつくられた御囲堤だが、当時でも四七キロという長大な堤防の築造は、徳川家という巨大権力と莫大な財力をもって初めて実現されたものといってよい。しかし、その視点はあくまでも尾張の立場に立ったもので、尾張側の新田開発や利水には大きく貢献したものの、広範囲の地域、とくに美濃側には長年にわたる問題と禍根を生み出すことになった。

## 【コラム】用水路の統合

一六〇八（慶長一三）年に般若《はんにゃ》用水と大野（宮田）用水が、一六五〇年に木津《こっつ》用水が建設され、尾張平野の開田や干拓新田が急速に増加していったが、般若・大野用水の取水樋門は扇状地上に位置しており、河道が変動しやすく、土砂も堆積しやすいため、取水口の設置位置としてはあまり適切ではなかった。

般若用水は、完成後わずか二七年後に洪水によって取水樋門が破壊され、約七〇メートル上流に新たに樋門を設けた。この樋門新設からほぼ一〇〇年後の一七四〇年には、取水樋門の周辺に土砂が堆積し、ついに取水不能となり、樋門を上流の木津取水樋門付近に移動したが、水路からの漏水が激しく、満足な給水を得ることができなかった。

一方、大野用水では、完成後わずか二〇年で取水不能となり、上流の現一宮市内へ移動し、この取水樋門を宮田西杁《いり》（杁は取水樋門の方言）と呼んだ。その後、灌漑用水の増加にともなって、宮田西杁からの給水量だけでは不十分で、一六四二年に新たに宮田東杁を新造した。この東・西の取水樋門は、明治末期には最初の位置から六・四キロ上流へ移動し、その後も、大井ダムによる渇水時での取水困難に陥り、さらにダム貯水池に土砂が補足され、流下土砂の減少によって河床低下が発生した。そのため、昭和初期に一・二キロ上流へ移動し、その後さらに二・四キロ上流へと移動を繰り返した。

昔の宮田東元杁（『KISSO』〔木曽川文庫〕から）

このような取水問題が発生しているとき、愛知用水事業が発足した。この事業に関連して一九五七（昭和三二）年から、濃尾第一用水事業が①下流用水の水利権を守る、②木曽川の河床低下に基づく取水施設を改修することを目的に着手された。

この事業によって、これまで分かれて取水していた宮田・木津用水、さらに右岸側の羽島用水の取水樋門をひとつにし、一九六二年に完成した犬山頭首工から取水することになった。

御囲堤に連動してつくられた用水路も改修され、実に三〇〇年以上の年月を経て、ようやく安定した灌漑用水が供給されることになったのである。

## 3

## 入鹿池の普請——新田開発を願う人びとの期待を担って

木曽川左岸に御囲堤がつくられると同時に、宮田用水や般若用水といった灌漑用水路が整備され、その恩恵を受ける耕作地はしだいに増えていった。しかし、犬山から小牧・春日井までの低地は水田地帯として潤っていたものの、尾張平野北中部のなかでも楽田原《がくでんはら》（犬山市楽田原）・青山原《あおやま》（西春日井郡豊山町）・小牧台地などは、雨水を集める溜池を唯一の水源とする地域で、無人の荒れ野が茫漠《ぼうばく》と拡がるばかりだった。

すでに木曽川から水を引き、あるいは沼地を干拓して多くの新田を造成した尾張西部の実状をまのあたりにした農民にとって、この荒れ野は開拓意欲をかき立てられる恰好の土地であった。ここに青い水田が光る夢を見て、人びとは立ち上がった。

## 入鹿村の一大貯水池建設

一六二六（寛永三）年は、降水量が少なく全国的な旱魃で、尾張藩では農民を使役として徴発することを禁止するほどであった。この水不足のころ、尾張藩の新田開発政策をいち早く先取りした村のまとめ役六人がいた。すなわち、小牧村（現小牧市）の江崎善左衛門、上末《かみずえ》村（現小牧市）の落合新八郎、同じく鈴木久兵衛、楽田村（現犬山市）の鈴木作右衛門、村中《むらなか》村（現小牧市）の丹羽又兵衛、外坪《とつぼ》村（現丹羽郡大口町）の舟橋仁左衛門の六人で、のちに六人衆と呼ばれた。彼らは協議の末、入鹿《いるか》村に流れ込む川の出口を堰止めて一大溜池を造成し、その水を未開墾の地域に引き入れて新田を開発しようという、当時としては聞いた者が腰を抜かすような大プロジェクトを立ち上げた。

溜池を新築する予定地・入鹿村の地名の起源ははっきりしないが、村の地形が自然の低湿地を耕地とした古代の水稲耕地であったことをうかがわせるところから、『日本書紀』にいう「尾張国に間敷屯倉《ましきのみやけ》、入鹿屯倉《いるかのみやけ》を置く……」の条から朝廷の直轄領である屯倉の名称が地名になったとか、大化の改新で逃れてきた蘇我入鹿《そがのいるか》の一族が住みついた村とか、あるいは付近に虫鹿《むしか》・継鹿尾《つがお》・射鹿《しゃか》などの地名・寺社名があることから、食用や武器製造の材料などに珍重された鹿が多く生息し、これを追う猟師たちが村落をつくったのが始まりともいう。とかく地名の由来には語呂合わせ的な説が多い。

たまたま、入鹿村周辺の富士・二宮・安楽寺・奥入鹿・羽黒などは犬山城に属する山付村であった関係から、初代尾張藩主・徳川義直の信任厚い犬山城主成瀬正成にその主旨を陳情し、一六二八年に開発願いを藩に提出した。この陳情を受けた徳川義直は、すぐさま行動を起こした。鷹狩と称して現地視察をおこない、藩の直轄工事とした。六人衆は、丹羽郡のうち三方を尾張富士・羽黒山・奥入鹿山・大山に囲まれた盆地の入鹿村に池をつくることにした。入鹿村を囲む山間からは、成沢川（今井川）・荒田川（小木川）・奥入鹿川が流れ出ており、当時の村の石高はせいぜい五〇〇余石で戸数二四戸（一説には一六〇戸）であったという。

これらの川は村はずれでひとつになり、南の平野に流れ出て、あたかも銚子を傾けて酒を注ぐかたちに似ていたところから、そこを「銚子の口」と呼んでいた。この流れは羽黒川原を経て末は幼川となる。

## 「銚子の口」の閉め切り

この計画の実施にあたっては、閉め切り工事の規模・費用・排水を調節する水門の設置、入鹿村農民に対する保障など、江崎ら六人だけでは手に負えない問題があった。しかし、計画が成就すれば、丹羽・春日井両郡の各半郡の用水となるばかりでなく、村々の原野、溜池も新田に変えられる。

一六三二（寛永九）年、いよいよ工事の鍬が入った。入鹿村民が一戸あたり間口一間（約一・八メートル）につき一両または米一俵を尾張藩からもらって入鹿新田の前原（犬山市前原）に移転した後、「銚子の口」の閉め切り工事が始まった。しかし、築きかけた堤は流れ出る水勢で崩れ落ち、工事は何度も中止せざるをえなかった。誰か強固な堤をつくる者はいないのか、それが当面の大問題であり、このプロジェクトの成否を決する最大のカギとなった。

あらゆる手を尽くして堤防建設ができる人物を探したところ、河内国に堤防づくりの巧者で日雇頭の甚九郎がいることをつきとめた。さっそく呼び寄せ工事をさせてみると、みるみるうちに巨大な堤が築かれていく。毎日これを見上げる人びとの眉間《みけん》から、いつのまにか不安のシワは消えていた。今度はやれるかもしれない。本当に頼もしい男が来てくれたと、安堵《あんど》の気持ちで満たされた。

甚九郎が採用した工法は、「銚子の口」の西側の尾張富士の端山と、東側の岩山が露出している間に土を積み上げて堤を築く方法である。その規模は、基礎となる底面に幅二二メートル、長さ九八メートルにわたって高さ〇・九メートルの捨て石を積み、その上に堤の敷幅一三六メートル、長さ一七五メートル、堤の高さ二六メートル、堤の頂幅五・五メートルを構築するという大堤防であった。この堤防は、長さが百間に近いことから百間堤、あるいは、甚九郎の功績を称えて河内堤とも呼ばれた。

最終工事に用いたと伝えられる「柵築き」は、畿内で溜池を造成する際に用いられた工法と伝えられている。この工法は、閉め切り場所を最も狭くなるように土を盛り上げ、油を染み込ませた松の木を渡して仮橋をつくり、その上に松葉や枯れ枝を敷いて、さらにその上に土を盛り上げて下から点火する。枯れ枝や松が燃え落ちると同時に土も落下して、「銚子の口」を閉め切る、という方法であった。

入鹿池の取水口（『尾張名所図絵』から）

築堤に要した盛り土は、尾張富士の山麓から現場まで運んだが、総盛り土量は、杁上堤防を合わせて換算すればナゴヤドームの約四割の容積にあたる四九万立方メートルという膨大な量であった。池からの取水は、一六〇八（慶長一三）年に御囲堤から木曽川の水を取水する大野杁《いり》（現愛知県一宮市）などをつくった一宮の大工原田与右衛と平九郎が、長さ一〇〇メートル、幅五・五メートルの大杁を堤防の下に埋め込み、堤防の斜面に沿って取水口をつくった。

着工一年後の一六三三年に、待望の入鹿池は完成した。尾張藩は新田入植者を、「領外の者でも、また犯罪者でも罪を許すので希望者は申し出るように」と、各地に高札をかかげて募集した。

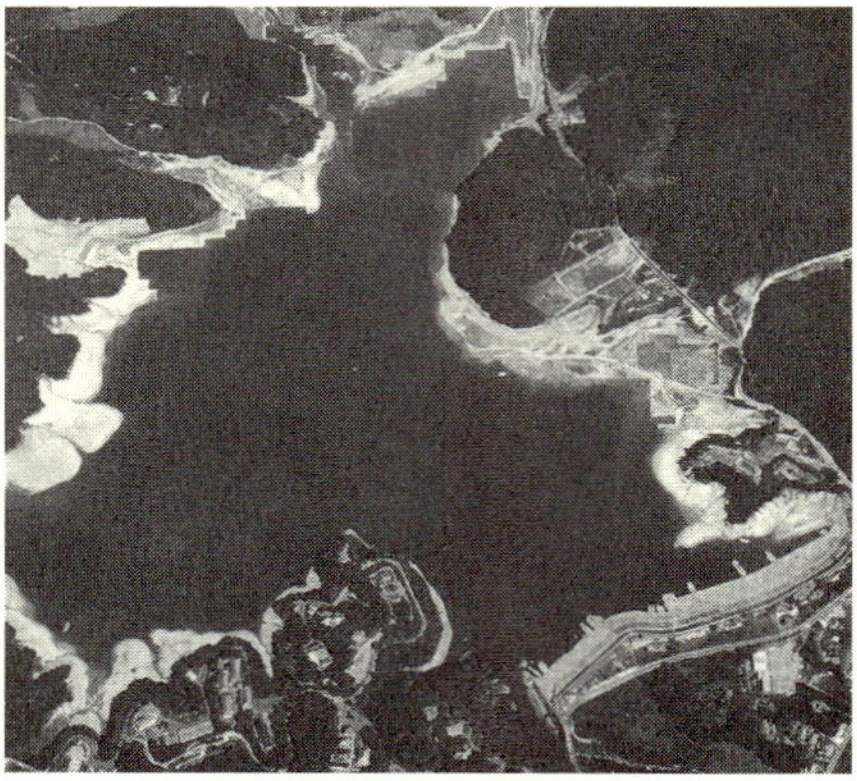

空から見た入鹿池（『KISSO』〔木曽川文庫〕から）

この結果、約八〇〇ヘクタールの新田開発がおこなわれ、六八八三石の増収となった。入鹿池の工事は尾張藩が直営で実施したものであり、六人衆はこの地域の開墾、入植者の受け入れ、開墾の指揮、取り締まりにあたるとともに自費で開墾もおこなった。

当時の入鹿池の規模は明らかでないが、一九六一（昭和三六）年から七一年に改良工事がおこなわれた。現在の規模は周囲約一二キロ、貯水面積一・六六平方キロ、貯水量はナゴヤドームの一二倍以上の一五一九万立方メートル、受益面積約一二〇〇ヘクタールで、弘法大師が造成したと伝わる日本一の溜め池・香川県の満濃池《まんのういけ》の貯水量一五四〇万立方メートルに匹敵する規模である。

### 入鹿池の決壊

一八六八（明治元）年五月、あの鉄壁と思われていた「百間堤」が決壊した。完成後ほぼ二〇〇年後の決壊で、流失家屋八〇七戸、死者九四一人、流失耕地八四〇〇ヘクタールの大惨事となった。

決壊数日前から雨が降り続き、池の水位は上昇して危険な状態になっていた。入鹿池を管理する水奉行が池の水位を下げることを主張したが、地元の水門番たちが田植え時の水不足を心配して、池の水を放流しなかったためと伝わっている。

命と同等に貴重な水をおいそれとは無駄にできなかった当時の農民たちには、なんともやるせない、重苦しい結果となってしまった。

# 4　木曽三川を管理した水行《みずゆき》奉行・高木三家

高木氏が居住した石津郡時《とき》・多良《たら》（現岐阜県養老郡上石津《かみいしづ》町）は、現在ならば木曽三川下流域から国道三六五号で牧田川左岸の上石津トンネルを通り抜け、車ですぐに行くことができる。ところが、昭和のはじめころまでは、後に述べる勝地《かちじ》峠を越えてようやくたどり着けるという、山々に囲まれた辺境の地であった。

この辺境の地を支配していた高木氏は、代々水行奉行として勝地峠を越えて木曽三川下流域の定期的巡見をおこなってきた。高木家の記録文書は、西高木家が明治時代に入っても公職を務め、家が存続したため、治水関係の文書が豊富な「高木家文書」として残り、現在名古屋大学に総点数七万七〇〇〇点余という膨大な資料が保存され、その文書はいまも研究者によって解読されている最中である。

## 高木家の由緒

西高木家の家譜によると、先祖は大和国高木邑《むら》の出で、その後伊勢に移り北畠氏や土岐氏に属していた。その後美濃に来て、戦国期には斎藤

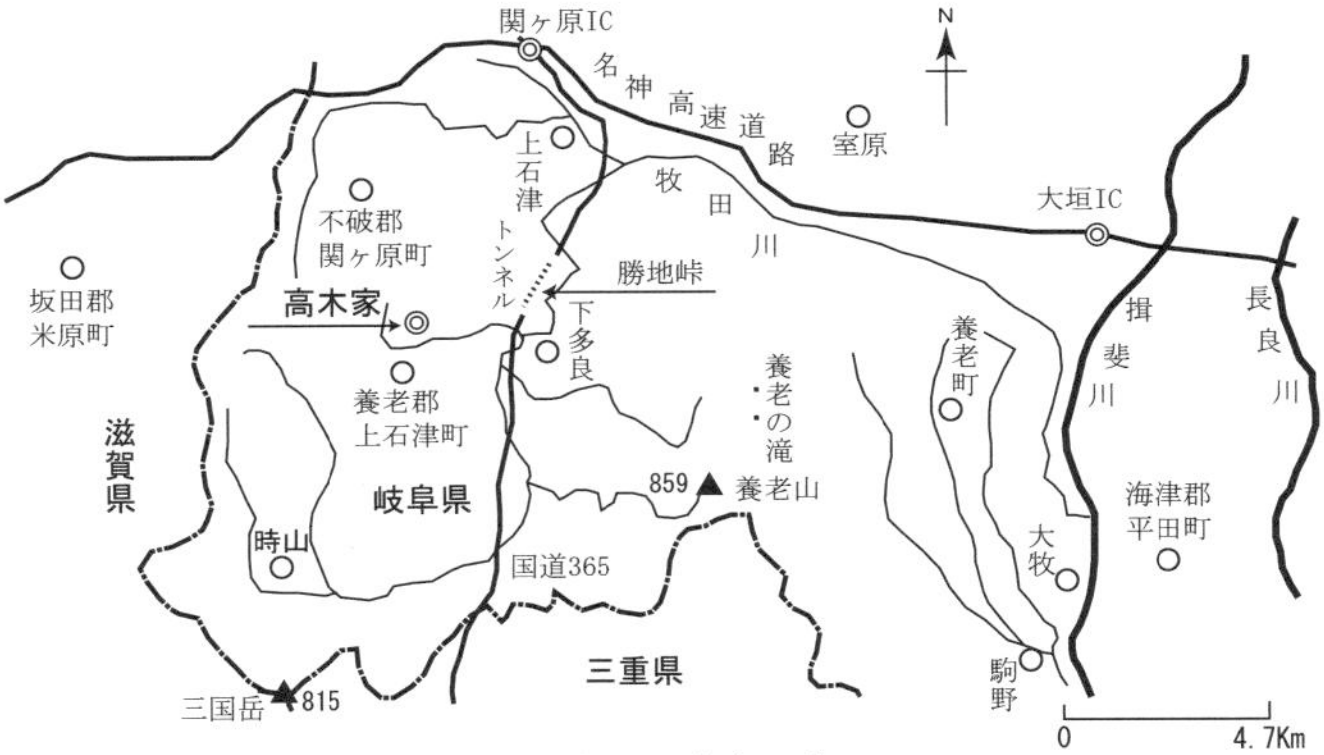


木曽三川から遠く離れたところにあった高木三家

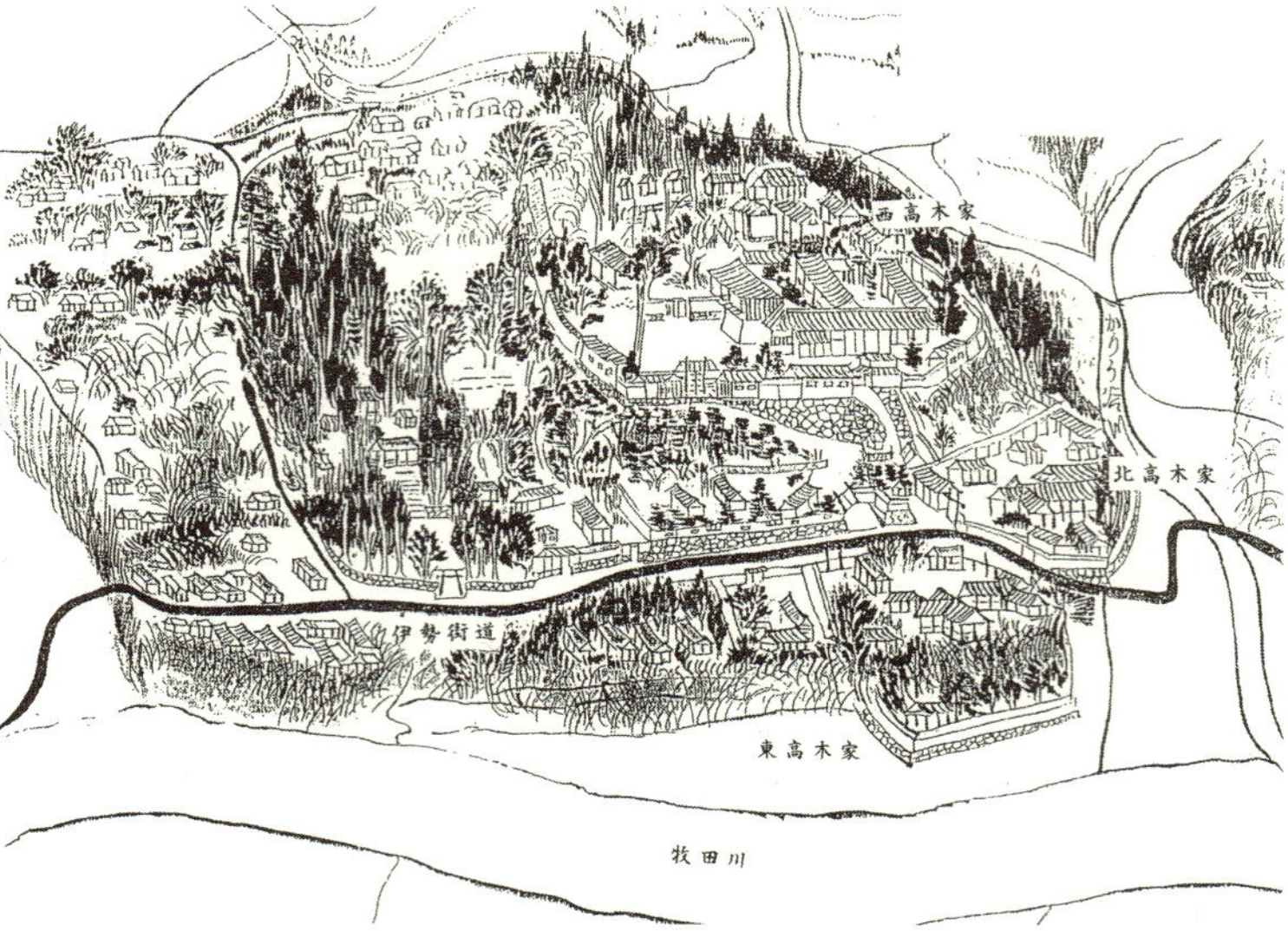


高木三家陣屋の鳥瞰図（高木貞勝氏所蔵）

道三に従い揖斐川右岸の駒野（現岐阜県海津郡南濃町駒野）に居住した。その後、織田信長に従い、一五六七年には揖斐川左岸の今尾城（現海津郡平田町今尾）およびその付近の村々を与えられ、この地方を勢力拠点としていた。

一五九〇（天正一八）年、織田信長の次男信雄《のぶかつ》が豊臣秀吉によって秋田に配流されると、高木一族も美濃を離れて甲斐の加藤光泰《かとうみつやす》のもとに身を寄せていた。一五九五年、一族は家康の召し立てに応じ、上総《かずさ》・武蔵・相模《さがみ》の国に知行地《ちぎょうち》を与えられ、一六〇〇（慶長五）年、関ヶ原の戦いの際には徳川勢の先導役として西上し軍功を挙げた。

一六〇一年八月、領地を美濃国石津郡の時・多良に移され、これより高木家は三家に分立し、西家二三〇〇石、東家・北家はそれぞれ一〇〇〇石を知行した。

### 交代寄り合いの高木家入郷の使命

当時の旗本の大半は江戸に在住し、知行地には代官を置き支配を任せていた。しかし高木家は交代寄り合いとして知行高一万石以上の大名の格式を許され、常時知行地の多良屋敷に居住して参勤交代をおこない、江戸には拝領の江戸屋敷があり、留守居役を置いていた。参勤といっても高木家の場合、参府は四月で交代し、帰国はだいたい六月であった。

高木家は関ヶ原合戦後、前に記したように交代寄り合い美濃衆（同族三家）として関ヶ原にほど近く、近江と伊勢に接する美濃国時・多良郷に所領を得た。したがって、「寛政重修諸家譜」には在地旗本の任務として、「この地嶮山多く、山賊及び耶蘇《やそ》の徒の患いあるにより、貞友が一族代々多良郷に住すべき旨仰せ蒙る」とある。ここで、「耶蘇」は必ずしもキリシタンを意味しているのではなく、高木家が多良を所領する以前の伝統を維持していた地元民と考えられる。

「西高木家文書」には、

「私共在所の儀は、かねてより上方（関西）の儀につき、関ヶ原御利運以後、非常のため差置かせられ候旨、東照権現様より大命を蒙り奉り居り候儀につき、常々その心得にて罷り在り候」

と述べている。

すなわち高木家が多良へ入部するについての使命は、徳川方の先鋒として上方に備えることが第一儀であった。

## 水行奉行としての高木家

「西高木家先祖事暦由来記」によると、高木家は寛永年間（一六二四～一六四四）以後、特定の任務として、木曽川水系における国役普請奉行を務め、用水や論争の調停にもあたった。一七〇五（宝永二）年からは、美濃・尾張・伊勢の川通巡見の任務つまり水行奉行も命じられ、これより幕末まで高木三家は年番制をしき、一貫して日常的にも河川の見廻り御用を務めてきた。

高木陣屋のある多良の地は山険しく、この地へ来るには伊勢街道最大の難所・勝地峠（標高一三八メートル）を越えねばならなかった。むかしこの道は「歩路《かちじ》」と書き、文字どおり徒歩でしか越えられず、物資の運搬は人や馬の背に頼るよりほかに方法がなかった。

このような僻遠《へきえん》の地に在住した高木家にどうして水行奉行の任務が命じられたのだろうか。川普請の監督や日常的に木曽三川の見廻りをおこなう高木家にとっても、また平地の人びとが川普請の願いなどのため高木役所を訪れるにしても、それぞれが難儀をしたに違いない。

高木家が水行奉行に任命された理由は、第一に、高木家は伊勢から美濃へ移って以来、揖斐川を挟んだ駒野（岐阜県南濃町駒野）や今尾地方（岐阜県平田町今尾）を根拠としていた関係上、三大河川の流域や河口の住民とも深い歴史的因縁があり、流域内の地形や各河川の出水時の特徴、さらに流域住民の考え方までも知悉《ちしつ》していたこと。第二に、高木家が濃尾平野に所領を持っていないため、水行奉行として公平な立場をとることができるとされたのだろう。いずれにしても、高木家は幕府の信任も厚く、重要なポストを世襲してきたのである。

西高木家の表玄関

## 5 佐屋川の開削から廃川まで

木曽川左岸の支川を閉め切り、延々四七キロにわたって築かれた御囲堤は、伊那備前守の発意によって一六〇八（慶長一三）年に着工され、早くも翌年には完成した。その建設のおもな目的は、尾張への洪水襲来を防ぎ、大坂方の攻撃から東国を守るためであった。しかし、灌漑用水が不足することがわかっているのに、あえて支川を閉め切った目的は、渇水期での木曽木材の筏流しを円滑におこなうため、支川を閉め切って木曽川本川の流量を安定させることにあった。

## 佐屋川の開削

御囲堤が完成する以前は、木曽川の派川である萩原川（現在の日光川）と三宅川とが合流して津島川となり、津島湊が江戸時代以前の商業港として栄えていた。

一六〇九年に完成した御囲堤によって、萩原川と三宅川は木曽川から閉め切られ、津島川の流水は激減して、津島湊はその機能を失った。そこで一六三四（寛永一一）年、津島湊より下流三・五キロの佐屋湊へ港の機能が移され、佐屋街道が整備された。その際、三里の渡しなどの船運の安定を図るため、一六四六（正保三）年に下祖父江村の西から人工河川・佐屋川が開削され、木曽川の流量の大部分は木曽川本川を流下し、必要最小限の水が佐屋川に流入するようにした。

一八八九（明治二二）年の地図を見ると、佐屋川は木曽川本川の河道形状に逆らうように凹型に分流している。このような形状で佐屋川を分流させる工夫によって、木曽川の筏はスムーズに本川

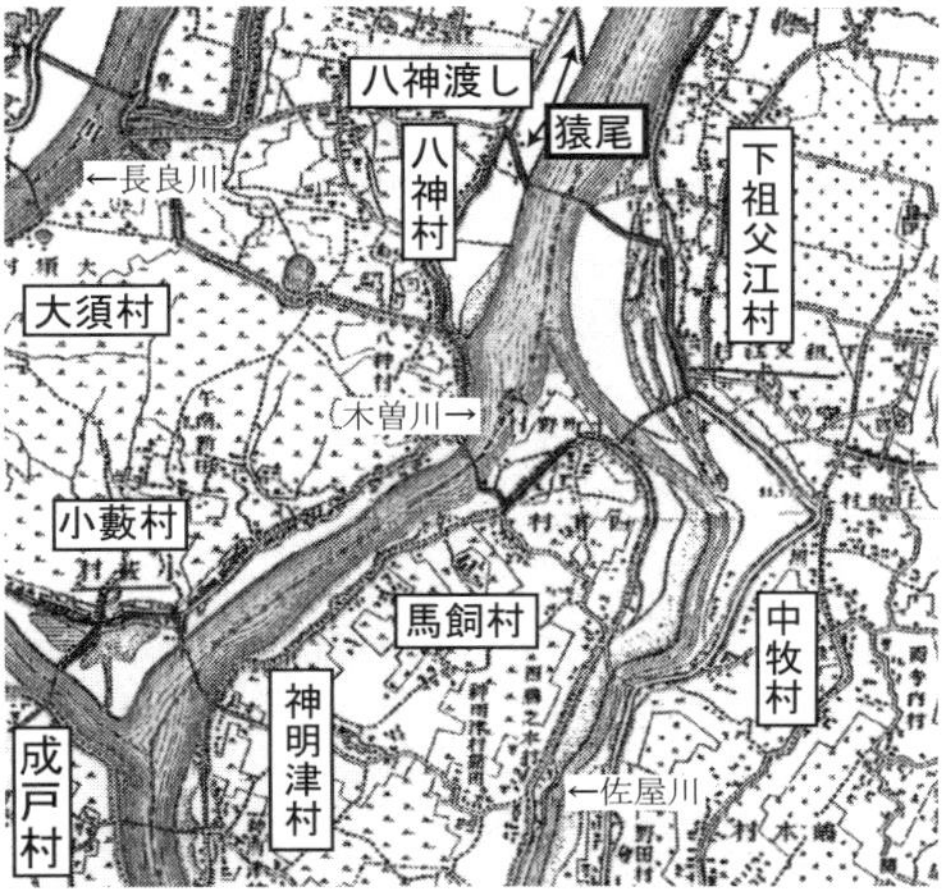

佐屋川の分派付近（1889〔明治 22〕年の地図に加筆）

石田の猿尾から約１キロ下流の猿尾、対岸は祖父江砂丘（『KISSO』〔木曽川文庫〕から）

を流下したものと考えられる。

### 佐屋川への土砂流入とその対策工事

佐屋川が木曽川から分水されると、多量の土砂が木曽川から洪水の際に流入して、佐屋川の水深は徐々に浅くなった。そこで、木曽川水系最初のお手伝い普請が二本松藩（現福島県）丹羽氏六万石に命じられ、一七四七（延享四）年に「延享のお手伝い普請」がおこなわれた。

このお手伝い普請は、美濃側の石田村（現岐阜県羽島市石田）と尾張側の捨町野村《じゅっちょうの》（現愛知県中島郡祖父江町捨町野）に、それぞれ二七〇メートルと九〇メートルの杭を並べ打ち、杭の周辺に土砂を堆積させ、木曽川から佐屋川へ流入する土砂量を減少させる工事であった。

二本松藩のお手伝い普請後、一七五四（宝暦四）年から始まった薩摩藩による「宝暦治水のお手伝い普請」でも、佐屋川の工事が「一之手」（第一工区）でおこなわれたのである。

薩摩藩は、美濃側の石田から木曽川本流へ二本の石堤を大きく突き出す工事をおこなった。この工事は、佐屋川への流入部が土砂で閉塞して通水が悪くなることを排除するのが目的であった。石堤とは、水制施設の一種で、かたちが猿の尾に似ているので「猿尾《さるお》」とも言った。この猿尾は百間猿尾、二百間猿尾と呼ばれ、また「石田の猿尾」として知られた。下流側の猿尾は八神《やがみ》渡船の舟付き場として最近まで利用されてきたという。なお猿尾の建築材料となる石材は、遠く飛騨川上流の現岐阜県加茂郡七宗《ひちそう》村などから運ばれてきたものである。

この工事の後にも、佐屋川への土砂流入量は減少せず、佐屋宿と桑名宿が河床掘削費用二五〇〇両を幕府から借用して、河床の掘り下げをおこなったが、いっこうに河床への土砂堆積は止まなかった。

明治の木曽三川改修の際、ヨハネス＝デレーケ（本書第6景を参照）は、「佐屋川は、その長さ二四キロあまりにして河床に土砂が堆積し、木曽川の河床より高きこと数尺（一尺は三〇・三センチ）なので、到底高水の疎通、舟運の便に供せないから廃川とする」と述べている。これを受けて一八九九（明治三二）年に佐屋川分派点が、翌年に佐屋川下流の木曽川との合流点が閉め切られて、佐屋川は完全な廃川となった。

佐屋川の廃川で、佐屋川を水源としていた周囲の地域は取水に困った。そこで、一九〇六年に閉め切り地点から約一キロ下流の祖父江《そぶえ》町馬飼《まがい》地点に取水樋門を設け、佐屋川用水路をつくった。しかし、悪水の落ち口をなくした他地域の排水が流入し、豪雨の際には排水処理に苦しむことになってしまった。

時代は下り、一九七六年に、馬飼地点に木曽川用水濃尾第二地区の取水堰として木曽川大堰（馬飼堰）が完成した。堰の完成によって、馬飼堰南部の木曽川と日光川に挟まれた全地域、さらに長島町にも豊かな水が送られるようになった。

## 6　宝暦治水工事と薩摩義士の死

宝暦治水工事で亡くなった人びとのことは、長く歴史から封印され、史実は地元民の口伝によってひっそりと語り継がれてきただけであった。

三重県桑名郡多度《たど》町の西田喜兵衛は、父祖伝来の薩摩藩士に関する日記や書類、さらに絵図などを一八七六（明治九）年の伊勢暴動で焼失してしまった。次代へ引き継ぐべき貴重な歴史的資料を失くした西田は、焼失した翌年から世間一般の人びとにも薩摩藩士の偉業を知らせようと、宝暦治水碑の建立へと立ち上がった。

西田の薩摩藩士顕彰活動が始まって、ようやく薩摩藩士の血と汗の偉業、病と悲憤に倒れた壮絶な生き様が徐々に世間に知られるようになったのである。

赤穂浪士は主君の敵討ちを果たした翌日から「義士」となった。しかし遠い薩摩から木曽三川下流域へ来て、なんの縁もゆかりもない住民のために働いた薩摩藩士は、一〇〇年以上経て、ようやく「薩摩義士」と呼ばれたのである。ここでは宝暦治水工事に至った経緯と、薩摩義士たちの苦労の跡を追ってみたい。

## 濃尾平野の地形と洪水被害

木曽三川下流域が位置する濃尾平野は、木曽川が上流から運んだ多量の土砂の堆積によって、平野東部が高くなり、そのため、木曽川・長良川はしだいに西のほうへ流れを変え、西濃地方へ流れ込むようになった。また養老山地山麓は、断層によって地盤が沈んでいるために、濃尾平野は東高・西低の地形となっている。

降雨は通常西から降りはじめ、東に移動する。したがって、濃尾平野の洪水は降雨開始から四刻《とき》（現在の八時間）で揖斐川に発生する。その後、八刻で長良川、一二刻で木曽川に洪水が発生する。流路が縦横に入り乱れていた三川下流部では、地形の傾きによって木曽川の濁流は長良川へ、長良川の濁流は揖斐川へと流れ込み、美濃側は長時間にわたって洪水被害を受けることになった。当時揖斐川の河床は、木曽川より約二・五メートルも低かったという。さらに美濃側に洪水を頻発させる一因として、家康が建設した御囲堤があることは先に述べたとおりである。

## 工事開始までの経過

地元住民のたび重なる歎願と、水行奉行高木家さらに笠松郡代の幕府への働きかけにより、一七五三（宝暦三）年、九代将軍家重（一七一一～一七六一）は、木曽三川下流域の治水工事を薩摩藩二四代藩主の島津重年（一七二九～一七五五）にお手伝い普請として命じた。

工事を命じた幕府の奉書は、わずか三七文字に過ぎなかった。しかし、このたった一枚の奉書が、その後薩摩藩を長く苦しめることになったのである。

養老町大巻の本陣跡の平田靭負翁像

薩摩藩は、幕府によるこれまでの婚姻政策で六六万両の借財に苦しんでいた。こうしたやりくりが大変な時期に、新たにお手伝い普請が命ぜられたのである。このお手伝い普請は、島津家の力をさらに殺《そ》ぐ最悪の命令であった。

薩摩藩では、幕府との交戦も止むなしとの意見が数多く出た。しかし、家老職で勘定奉行であった平田靭負《ゆきえ》（一六五四～一七五五）は、「戦さをおこなって罪もない民百姓までが命を落とすより、治水工事を引き受けて、濃・尾・勢の人びとを助けることは、薩摩藩の伝統である仁義の道にも沿い、同胞愛にも通じ、ひいては島津のお家安泰につながる」と力説し、いまにも抜刀しそうな勢いの反対派を説き伏せた。

意を決した薩摩藩主島津重年は、平田靭負を治水工事の総奉行に、伊集院十蔵を副奉行に任命した。そして一七五四年一月、平田以下七五〇人の藩士は薩摩から、一九七人の藩士は江戸からそれぞれ美濃の国をめざして旅立っていった。総計九四七人にのぼる薩摩藩士のなかで、やがて襲いくる塗炭《とたん》の苦しみをこのとき誰が予想しえたであろうか。

**広範囲にわたる工事区間**

工事区間は、木曽三川河口から上流五〇～六〇キロに至るまでの下流域のほぼ全域にわたり、美濃六郡一四一か村、尾張一郡一七か村、伊勢一郡三五か村、計一九三か村にまたがる大工事であった。

平田は途中、大坂に立ち寄り、工事費用数十万両を調達した後、美濃の大牧村（現岐阜県養老町内）を本小屋とし、工区を「一之手」から「四之手」の四工区に分けた。

各工区の工事は、「一之手」では工事か所が三二か所で計一万九七〇メートル、「二之手」は二四か所で計六五九〇メートル、「三之手」は二三か所で計四一二〇メートルさらに「四之手」は七〇か所で計三万五〇八〇メートルと、実に、「一之手」から「四之手」までの全工事か所は一四九か所、工事総延長は計五七キロにおよんだ。なお、難工事として後世に知られている大榑《おおぐれ》川洗い堰工事が「三之手」に、油島閉め切り堤工事が「四之手」に含まれていた。

一七五四（宝暦四）年二月二七日から第一期工事に着工し、雨季前の五月二二日に終了した。準備期間の後、九月二二日から第二期工事に入り、翌年五月二五日、実に一年三か月の短期間で全工事を終了させた。

工事中の薩摩藩士

この期間の薩摩義士たちの生活はきわめて厳しいものであり、「朝は朝星、夜は夜星、疲れを癒す風呂もなく、煎餅《せんべい》布団に身をくるみ、遠き故郷の父母を気遣い、妻子を想い、明日の仕事を考えて、落とす涙の一しづく…」と、伝わっている。

薩摩藩は、この大治水工事に総額四〇万両もの膨大な費用を費やしたのである。費用が莫大な金額となった一因として、幕府のたび重なる工事計画の変更や大雨による資材の流出、工事のやりなおしなどが挙げられる。

## 怒りと病で亡くなる薩摩義士

西田喜兵衛による薩摩義士顕彰運動がようやく人びとに知られてきた一八九三（明治二六）年、海蔵《かいぞう》寺の峠本《たつもと》住職は古文書を整理中、「薩摩義士埋葬寺送り」の文書を発見した。

薩摩義士の埋葬証文（海蔵寺所蔵）

この文書には、「腰の物にて怪我《けが》致し相果《あいは》て候」と死因の書かれた部分があった。現在も、病気以外の原因による薩摩藩士の死は、「無言の抗議による切腹である」と言い伝えられている。〝腰の物〟とは脇差しのことで、それでみずからの命を絶ったことを〝怪我〟と記録しなければならなかったのは、幕府をはばかったものと思われ、切腹したとは書かれていない。当時の工事現場の状況より、切腹に至った状況を推測するのみである。

工事開始二か月後の四月に早くも二人が切腹している。その後もほぼ毎月切腹者が現れ、第一期工事終了後の準備期間の八月には一六人も切腹している。切腹者数は、第二期工事終了後の一七五五（宝暦五）年五月の一人を最後に、合計五二人となった。

最初の犠牲者二人は、海蔵寺に葬られた永吉惣兵衛と音方貞淵である。彼らが死亡した経過は次のように伝えられている。

せっかく工事した現場が壊されていた。つぎの日の夜、二人は犯人を見つけようと見張っていると、幕府の役人が地元の人夫を集めて工事か所をまたもや破壊していた。この有様を見ても、一言も文句をいえない二人は、その夜に相果てた。永吉と音方の割腹については、別の言い伝えもある。

油島付近の工事で、幕府役人の指図どおりに石積み工事をおこなっていた。数日後、見回りにきた代官が石積み工事の方法について注意をした際、幕府役人は自分の責任を回避して、さらに「石ひとつ積めないとは、島津の殿様も結構なものだ」と嘲《あざけ》りつつ現場を去った。二人はあまりのくやしさと無念さから、宿舎に帰っても食事もとらず、月が明るく照らす堤防で、刀を抜きあい刺し違えて亡くなったとも伝わっている。

また茂木源助は、修復した堤防が洪水で破壊され、血と涙で集めた藩費を無にした責任を負い、一七五四年六月の夜、堤防で切腹した。さらに、瀬戸山石助、平山牧右衛門、大山市兵衛の三人は、逆川の工事妨害者を阻止するため、やむなく逆川堤防上で無頼漢を斬り捨てた。これが役人の怒りをかい、瀬戸山は、「いまここに死するこの身は朽つれども　我　誠心は　千代に伝えも」と、辞世の句を残し、同年八月に自害した。その初七日には平山が瀬戸山の墓前で、また平山の初七日に大山が二人の墓前で、それぞれ辞世の句を残し自害した。この三人の死についてもほかの言い伝えがある。

幕府役人が材料集積所に来た。三人は、屈辱をこらえて土下座して役人を迎え、材料の報告をした。報告を聞いた役人は、「この松材の積み方、何事ぞ」と、いきなり瀬戸山の首を蹴り上げた。一時間前の役人の指図どおりに松材を積んだのに、この役人は文句をつけ、さらに武士の首を蹴った。瀬戸山はこの屈辱に激しく慟哭《どうこく》したのち、平山の介錯《かいしゃく》で切腹したとも、伝わっている。

永吉ら二人と瀬戸山ら三人の切腹の原因は、幕府役人による工事現場への妨害と薩摩武士を武士とも思わない仕打ちが語られ、非常によく似た言い伝えである。実際の原因は闇の中であるが、工事の妨害や横暴な役人の振る舞いがあったことは事実だろう。

さらに、書類の手違いで寸法の違う木材に貴重な藩費を支払った責任を負い、家村源左衛門、川上島衛門、藤井彦八、中間《ちゅうげん》の長助ら四人が切腹した。

幕府側にも竹中伝六喜伯と内藤十左衛門の二人の切腹者が出た。切腹の理由が調べられたのは内藤だけであり、薩摩藩士の全切腹者五二人については、「割腹した」記録もなく、ただ切腹した状況を推測するだけで、すべてが闇に包まれている。

当時、多くの寺は幕府をはばかって切腹者の供養に二の足を踏んだ。

永吉惣兵衛と音方貞淵を葬る夜、昼の仕事に疲れた同僚が夜間遺体を持ち運び、寺々に埋葬を依頼したが断られた。しかし、桑名の海蔵寺で埋葬を依頼すると、一二代の住職・雲峰珍龍《うんぽうちんりゅう》和尚は快諾し、読経供養して義士の冥福を祈り、あとの証のために一札の葬《とむらい》証文を納めさせた。

海蔵寺末寺安龍院にも義士一〇人が葬られていたが、一九〇九年に廃寺になったので、海蔵寺に改葬され、現在海蔵寺には、平田靱負以下二四人の義士が眠っている。

一方、赤痢による病死者は、工事をはじめて三か月後の五月に早くも一人を数え、その後六月に二人、七月に三人、八月に六人とピークを迎えた後、一年後の五月に一人の病死者でようやく沈静化した。一年間続いたこの赤痢による総患者数は一五七人、死亡者は三三人に達した。

これらの病死者のうち、二七人が岐阜県養老町天照寺で葬られ、三人が天照寺境内墓地に、二四人は天照寺が管理している浄土三昧墓地に埋葬された。

義士を埋葬した甕（天照寺所蔵）

一九五九年九月に東海地方を伊勢湾台風が襲い、薩摩義士が工事をした揖斐川支川・牧田川沿いの岐阜県養老郡養老町根古地《ねこち》の堤防が決壊した。この破堤した場所から真西に六〇〇メートル離れた場所に浄土三昧墓地があった。堤防を破壊した濁流は浄土三昧墓地にも襲いかかり、土地を削り流したが、思いがけないことに、流された土地の中から、赤痢で死亡した義士を入れた素焼きの甕《かめ》が現れたのである。堤防が破壊されたおかげで義士たちの亡骸が見つかったことに、強い因縁を感じる。その後の発掘も含め、見つかった甕は七個にのぼり、一九七〇年に造営された浄土三昧の慰霊堂に葬られている。しかし、まだ一四個は浄土三昧の慰霊堂付近に埋まっている。

結局、無言の抗議による割腹者五二人、病死者三三人の合計八五人もの人びとが、薩摩から遠く離れた美濃の地で尊い命を亡くした。総奉行平田靭負はすべての責任を一身に負い、幕府の検分を終えたあと、「住みなれし里もいまさら　名残にて　立ちぞわずらふ　美濃の大牧」の辞世の句を残し、一七五五年五月二五日に自刃した。享年五二歳であった。

## 宝暦治水と高木家

治水工事が始まると、高木家では、一之手（濃州桑原輪中より尾州神明津輪中まで）を高木新兵衛が、三之手（濃州墨俣輪中より本阿弥輪中まで）を高木内膳が、四之手（勢州金廻輪中より海落口浜地蔵まで）を高木玄蕃がそれぞれ普請奉行となり、幕府の役人とともに工事の監督にあたった。また、二之手（尾張梶島村から勢州田代輪中まで）は美濃郡代の青木次郎九郎が工事監督で、高木新兵衛の家来内藤十左衛門が二之手工区に配属されていた。しかしこの事業では、工事を監督すべき立場にあった高木家からも犠牲者が出ていることを忘れてはならないだろう。

①高木新兵衛（西家）の家来内藤十左衛門の切腹

西高木家の公用日記「蒼海記」によると、第一期工事起工わずか三か月後の四月二一日に、

「内藤十左衛門、五明村相詰め罷有候処二十一日夜明け七ッ頃切腹いたし候、早速大嶽善右衛門より注進之有り候、委細は別帳に相記す」

とあり、二之手の川通役として現場監督の任にあった内藤十左衛門が、工事が指図どおりに実行されない責任をとり、高木新兵衛に責任が及ばないように切腹した。

②高木内膳（東家）の家来で人柱になった舛屋伊兵衛

大榑川の洗堰（薩摩堰）工事の折、大薮の工事現場へ内膳に従って来ていた伊兵衛は、この凄惨なまでの難工事を見て、工事の渋滞は水神の怒りによるものと考えた。洪水を防ごうとみずからが人柱になることを決意し、堤防の上から濁流に身を投じたという。

大薮の円楽寺（岐阜県安八郡輪之内町東大薮）には伊兵衛の墓石があり、円楽寺の古文書には、「此人当国多良産ニテ故アリテ江戸ニ住シ高木内膳ノ下人トナリタリ、薩摩普請ニテ大榑川洗堰工事ノ節没ス頼ミニ応ジテ当寺ニ埋葬ス　永代読経スベシ　　住持慈賢記ス」とある。

地元に残る民謡にはいまもなお、「薩摩堰へ来て見やしゃんせ、残る石こそ血と肉よ」と、あまりに厳しかった労働の様子やその悲惨さが歌い継がれている。

一九九八年八月三日、上石津町では、有志らが東高木家の菩提寺である松貞山本堂寺境内に伊兵衛の顕彰碑を建立し、その遺徳を顕彰した。

## 【コラム】吉宗の薩摩藩への遠謀

宝暦治水工事を命じる以前の幕府の薩摩藩対策について、歴史の裏側をのぞいておこう。石高七三万石の薩摩藩は、徳川幕府にとって、関ヶ原の戦い以後も外様大名の実力者としておおいに警戒すべき存在で、幕府はあれこれと薩摩藩の勢力を殺《そ》ぐ画策をしたが、最たるものは婚姻政策であった。

最初は、二二代島津継豊《つぐとよ》と五代将軍綱吉の養女竹姫との縁談である。薩摩藩はこの縁談をなんとか事を荒立てずに断ったが、二〇年後の一七二九（享保一四）年、ついに継豊は竹姫を娶ることとなった。英明で名高い八代将軍の徳川吉宗（一六八四〜一七五一）は、二人に誕生した子に「宗」の一字を採り宗信《むねのぶ》と名づけた。この宗信が次の婚姻政策の標的となった。

吉宗は、尾張の徳川宗勝の五女に生まれた房姫九歳と、島津重年の兄宗信一三歳の婚儀を計画したが、婚礼目前に房姫が亡くなり、縁組は不成立となった。次に一〇年後の一七四九年三月、尾張徳川家の末女だった勝子一三歳と島津家二三代藩主となった宗信との婚儀が決まるが、宗信は七月に死去してしまう。このように、吉宗が仲介した尾張徳川家と島津家の縁組は、結婚する当人たちの死亡によって二度にわたって失敗した。この二回の婚姻政策によって、薩摩藩には数十万両の借財が発生したと伝わっている。

時は前後するが、吉宗は、一七三九（元文四）年に尾張藩主徳川宗春《むねはる》を蟄居《ちっきょ》させ、高須藩（現岐阜県海津郡海津町）三代目の松平義淳《よしあつ》（一七〇五〜一七六一）を徳川宗勝《むねかつ》と改名させ尾張藩主に据えた。この宗勝の実家・高須藩は木曽三川下流域のほぼ中央に位置していた。

吉宗なき後の将軍家と尾張徳川家の力関係について、『木曽三川治水秘史』の著者・前海津町長の伊藤光好は、「一七五一年に亡くなった吉宗の跡を継いだ九代将軍家重（一七一一〜一七六一）は生来病弱で政務に耐えられず、御用人大岡忠光が権勢を振るっていた。天皇に直接仕える位・権中納言となった尾張徳川宗勝は実家の木曽三川下流域の洪水常襲地帯での治水工事を将軍の側近に強く希望し、ついに一七五三年に『宝暦治水工事』が命じられた」と、興味ある推測をしている。

## 7 木曽三川下流域と自然災害

幕藩時代の新田開発は、熱田（現名古屋市熱田区）から長島（現三重県長島町）までの海岸線を中心に広範囲におこなわれた。ところがこれらの新田開発は、尾張藩の直営や資金によるものはほとんどなく、名古屋の豪商や農村地域の豪農によっておこなわれた企業的開発であった。

開発計画を立てた民間人は、藩が要求する高額な地代金を納付して開発権を得た。その代償として、年貢を払わなくてよい期間（鍬下《くわした》年期）は数十年に及ぶのが普通であった。

高額な金額を前払いするため、開発者は大規模で計画的な干拓をおこなうことが困難で、いきおい、大部分の新田開発は小規模で計画性に欠けるものであった。さらに、洪水や高波で干拓堤防が破壊しても、開発者は自己資金で復旧する必要があり、自己資金が確保できなければその新田を放棄することとなり、小作人はたちまち路頭に迷った。また、災害に遭わなくても、開発者は鍬下年期の期間に投資資金を回収するため、小作料は七〇～八〇パーセントと高率で、小作人にとってはあまりにも厳しい条件だった。

こうした単発的で無計画な新田開発では、たび重なる災害に十分な対応ができなかったうえ、入植した小作農民の暮らしや実りへの期待感もみるみる低下していったに違いない。こうした苦労は、明治時代に入ってもつづき、近代的な土木工法によって官営の河川改修工事が完了するまで、三川下流域の低湿地を襲う洪水には為す術もなかった。

## 明治改修以前の長島

江戸時代の中期から後期にかけて、現在の三重県長島町域にあたる木曽川河口地域では大掛かりな輪中開発が進められた。まず、横満蔵《よこまくら》輪中が一七五七（宝暦七）年に開発された。また白鶏《はっけ》新田は、最初の開発年代は不明であるが、一八二六（文政九）年に再開発がおこなわれ、松蔭《まつかげ》新田は一二か村を統合して一八二三（文政六）年から二七年の五年間に開発された。この横満蔵、白鶏および松蔭がひとつにまとまり、笠松郡代に検地を受け、これらの輪中全体が老松《おいまつ》輪中と呼ばれるようになった。

この老松輪中は、天保・安政年間（一八三〇～四四、一八五四～六〇）にうちつづいた洪水・津波・大暴風雨などによって破堤と修復を繰り返してきたが、ついに、一八六〇（万延元）年の台風で老松輪中内の横満蔵新田と松蔭新田の一部を残してすべて海中に没してしまった。この災害で死者七五～一〇〇人を出し、地元に残った住民は横満蔵新田堤沿いに移り住み、漁業のかたわら、源禄《げんろく》輪中（現木曽岬《きそざき》町）や鎌ケ地新田へ出作りをして生計を立てていたと伝わっている。

一八八七（明治二〇）年に木曽川下流改修工事が始まった。この改修工事で、一部残っていた老松輪中のほとんどが木曽川の新川に水没することになり、農民はふたたび生活の場を失うのであった。

## 明治改修と官・民連携による開発

明治改修が始まった二年後、三〇年間も海に没していた旧老松輪中の大部分が再開発されることになった。老松輪中の地主であった水谷小三郎、菱田清蔵、内藤利兵衛、森川某らが出資し、伊藤松太郎、鈴木弥三郎らが農民を率いて木曽三川改修工事と連動して再開発を図り、木曽川右岸河口部の南西海面に堤防を築き、まず松蔭新田の再開発に着手した。

高波や濃尾大地震の来襲を受け、さらに大暴風雨にも見舞われるなどうち続く災害にもめげず、地主と農民が一致協力して開発を進めていった。また官側も改修工事に協力する開発者へ多方面にわたり便宜を与え、官・民が手を携《たずさ》えて困難を克服し、一八九七（明治三〇）年に新田約三四〇ヘクタールの再開発を完成させたのである。

現在、木曽川河口右岸に「再墾松蔭新田碑」が建っている。この碑文には、「遂投財巨萬起再墾之工官亦諒其心多方興便使之得…（地主は…ついに巨万の財を投じて再墾の工事を起こす。政府はその志をよしとし、多くの便宜を与えた）」とある。この碑文から、新川の堤防建設工事に携わった地主は、新川の川底に沈んでしまう耕作地で暮らしを立ててきた小作人たちの身の振り方にも関わったと、考えられる。

再墾松蔭新田碑（木曽川右岸河口部）

一八二四（文政七）年から続く松蔭の野亨寺《やこうじ》第六世・田鶴浦《たづうら》勉《つとむ》住職は、木曽三川改修工事の堤防建設は、現代でいうところの「民間活力（民活）の導入によっておこなわれた」、と語っているが、田畑を持たない小作人たちには過酷な「民活」であった。

## 改修工事と農民の生活

一八八七（明治二〇）年に開始された木曽川下流改修工事は、国道二三号が木曽川を越えて三重県桑名郡長島町に入る木曽川大橋右岸下流約一〇〇メートルに位置する横満蔵地先から始まった。

現代では考えられないことであるが、改修当初は、まだ買収していない土地で改修工事を先におこない、工事終了後にその土地を買収していた。このような後・先逆の方法では、工事終了後に周辺の土地が値上がりし、買収業務が円滑に進まなかった。そこで、このような買収・改修方法を改める新法「土地収用法」が一八八九年七月に発布され、まず、用地を取得してから改修工事をおこなうようになった。

木曽川改修工事によって川底に沈んだ新田で、かつて農民がどのように暮らしていたかを知る資料はほとんどない。わずかな資料と古老からの話を記し、その生活状況を推測するばかりである。

耕地の大部分を失った南部の葭ケ須《よしがす》輪中の長地《ながじ》新田では、全戸数二一戸のうち二一～三戸が桑名へ行き、残りの大多数の人びとは福吉新田の堤外地（川の中）を開発するために移住したようである。また古老からの聞き取りによると、福原輪中（現愛知県立田《たつた》村）では、「輪中のなかに入れてもらえず、行き先のない人びとは福原輪中の堤外に小屋をつくり、佐屋川原《さやがわら》（土砂が堆積した河床）の砂地を耕していた」という。このようなわずかな情報からも、生活の基盤の耕地をなくした農民たちの辛く悲しい生活が想い起こされる。

明治改修によって用地が買収され、住むところがなくなった小作人たちは、たとえ地主の土地が堤内地（田畑や家屋のあるほう）に残っていても、そこにはこれまでの小作人が生活しており、新たに小作地を借りることは困難であった。したがって、一八六〇（万延元）年の松蔭新田の罹災者のように堤外に居を定め、明治改修の河川工事に従事して日銭を稼ぎ、これまで誰も開発しなかった条件の悪い堤外地の湿地などの開発に挑む、厳しい生活を余儀なくされたに違いない。

## 頻発する災害に苦しむ

一八九一（明治二四）年一〇月、マグニチュード八・四の濃尾地震が濃尾平野を揺さぶり、七二七三人の命を奪った。しかし、こうした記録的な災害以外にも、洪水は幾度となく木曽三川下流域を襲ったのである。

一八九三年八月二二日から二三日にかけて濃尾地方に大雨が降り、大垣では連続降雨量六一〇ミリという驚異的な雨量が記録され、暴風雨による被害は甚大であった。つづいて九四年と九五年にはそれぞれ二回の水害が発生し、その災禍も癒えぬ一八九六年には、四回も連続して洪水がこの地方を襲っている。

濁水に沈む大垣城（『低地のくらし　輪中と治水』から）

一八九六年七月一九日〜二二日の大洪水は西濃地方を襲い、大垣で連続降雨量三九七ミリを記録した。各河川の氾濫で多くの輪中が決壊し、民家は屋根まで浸水した。この大洪水で木曽三川の比較的上流に位置する大垣輪中も切れ、大垣城天守閣の石垣にまで水が達した。このときの岐阜県全体の被害は、床上浸水一万一二二〇戸、耕地への浸水三万八三九二ヘクタールであった。

その約一か月後の八月三〇日〜三一日にかけて、またもや台風が尾張地方を襲った。最大風速は秒速三二・七メートルを記録し、全・半壊家屋九二〇〇戸、死者二六人、耕地への浸水三万七〇〇七ヘクタールの被害を出した。さらに数日後の九月四日〜一一日にも大雨が中部地方を襲い、流失・崩壊家屋計九一一〇戸、死者一五三人にのぼった。この大雨で、大垣の家屋の八〇パーセントが屋根まで水に浸かった。『大垣市史』によると、「ついに大垣輪中も決壊した。（略）木を折り家を倒し次々と押し寄せ家を流失させる。人々は逃げる道なく避ける家もない。親子兄弟助け合う暇もなく、樹に登り屋根にまたがって助けを求めて叫ぶ」と、激流に翻弄される人びとの状況を記している。

さらに『大垣市史』は、「年々災害が重なって、貧困の者などは、家に一銭の金もなく、野に一粒の収穫もなく、農具を失い、来年蒔く米麦の種も流してしまい、おまけに物価が日ごとに高くなって、この上もなく生活難である。救助金や米などを貰い、復旧工事に雇われて少しばかりの賃銭を得て、その日その日をどうにか暮らしている者もある」と、この九月の災害に遭った大垣の農民の生活を記述している。さらに、一一月二六日にも水害が発生している。泣きっ面に蜂どころではなく、被災地は極限状況に陥っていたのである。

比較的上流部の大垣でさえもこのような惨状であり、木曽三川下流域の土地の低いところでは壊滅的な被害を受け、多くの人びとは明日を語る言葉もない生活に追い込まれたのである。

濁水にのみこまれる人や家屋

## 【コラム】網にかかった八穂《はっぽ》地蔵

八穂地蔵

木曽川河口左岸の八穂新田は、現在の鍋田干拓地の一部で、第二東名の沿岸弥富ICから国道二三号に向かう道路の左側に広がる田園である。

八穂新田の開発は、木曽谷の代官である一三代目山村良醇《たかあつ》が、木曽路一一宿の経済的負担を軽減する目的で、一八三三（天保四）年に知多郡で新田開発を開始したことに始まる。ところが、災害が頻発していっこうに工事が進まなかったので、山村代官は知多郡での新田開発を断念し、同年、木曽川左岸河口の海西郡八穂に新田開発地を変更して、八穂新田の開発を始めたのである。

一八三三年末には早くも大半が開発されたが、翌年一月の高潮で堤防が決壊。ただちに復旧したが二月の暴風雨でまたもや決壊し、同年末にようやく大半が復旧した。しかし、一八三五年一月に再び暴風雨で決壊すると、開発事業の継続は困難となった。

同年には、現場責任者の家老が失脚する事態となり、とうとう山村家は開発を断念せざるをえなくなり、開発は尾張藩に引き継がれた。この期間に費やされた資金一万二四八両あまりのうち、山村家は四一七〇両を出費していた。

尾張藩には開拓する資金力がなかった。そこで、工事を近在の庄屋・大河内庄五郎や服部弥兵衛に依頼し、さらに尾張藩の豪商たちからも出資させて、山村家が断念した干拓事業を再開した。八穂は、開発前には海面に孤立する葦に覆われた中洲であったが、多くの犠牲者を出しながら、二年間を要して一八五四（安政元）年に新田は完成した。服部弥兵衛は、完成した八穂新田の安全と五穀豊穣を願って津島社を勧進し、さらに堤防近くに地蔵を祀って御堂を建立した。

　ところがそんな願いもむなしく、完成したその年に安政の大地震に遭い、堤防や田んぼは無残にも沈下してしまった。すぐに復旧を図ったものの、追い討ちをかけるように翌年には台風による暴風雨と高潮が襲い、堤防は見る影もなく破壊された。この破堤によって、新田にあった一一七戸の農家のうち残った家はわずかに一戸、そして死者三〇人という大災害になったのである。

　近在の庄屋たちは、寝る間もなく復旧に奔走したが、尊皇攘夷に揺れる幕末の世情不安と資金調達難から、とうとう復旧は断念された。せっかくの新田も泥の海に帰し、それからおよそ一〇〇年後に鍋田干拓地が完成するまで海底に沈んだままとなった。

　一八七五（明治八）年、ひとりの漁師が河口近くの海でのんびりと網を投げて漁をしていた。あるとき投げた網を引くとやけに重く、どうも魚ではない感触である。慎重に網を手繰り寄せると、なんと全身傷だらけのお地蔵様がかかってきた。「このお地蔵様こそ、あの高潮にのみこまれた八穂新田のお地蔵様だ！」と、漁師は逸《はや》る心を押さえてお地蔵様を大切に村へ持ち帰った。村の庄屋たちと漁師は相談して、富島新田の鍋田川の堤防沿いに地蔵堂を建立し、お地蔵様を安置することにした。以来、このお地蔵様は人びとに大切に供養されてきたのである。

　八穂新田が亡所となってから約一〇〇年後の一九五九（昭和三四）年、鍋田干拓工事が再開され、完成したばかりの干拓地では初の収穫を目前にして、銀波がまぶしいばかりに秋風にうねっていた。ところが同年九月二六日、猛烈な伊勢湾台風が満潮の伊勢湾を直撃し、恐ろしい高潮が収穫の喜びを一挙に奪い去ったのである。人びとが台風一過に見た鍋田干拓地の光景は、よく澄んだ青空を映す泥の海であった。またしても復旧工事である。完全に復旧が完了したのは、被災から九年後の一九六八年のことであった。

　復旧工事最中の一九六三年、鍋田川の堤防沿いにあって八穂新田の地蔵として長く親しまれてきたお地蔵様は、鍋田の氏神である鍋田神明社から一〇メートルほど離れた地蔵堂に遷《うつ》された。そして干拓地の波乱の歴史を身をもって歩んできたお地蔵様は、ここで尊い命を落とした人びとの霊を永代供養することになったのである。今日では豊かに稔る作物に囲まれて、八穂新田すなわち鍋田干拓地を静かに見守っている。

## 8 木曽川と長良川をつなぐ閘門《こうもん》建設

明治初期までは、木曽三川下流域は多くの派川でつながり、川伝いの輸送や、筏を流送するには便利な地域であった。ところが、濃尾平野は東高西低の地形で、豪雨の際には河床の高い木曽川から長良川へ、長良川からは揖斐川へと順次濁流が流れ込み、長良川・揖斐川周辺は長時間にわたって洪水被害を受けていた。これを緩和するための大工事が宝暦治水事業であったが、その後も洪水の被害はなかなか治まらなかった。

この洪水被害を根本的になくすため、明治政府はヨハネス＝デレーケに三川分流工事（明治改修工事）を計画させた。しかし、木曽三川を完全に分離し、木曽川河口に長い導流堤を建設すると、木曽川と長良川さらに揖斐川への船運や筏の回漕が不便となる。そこでデレーケは、一八七八（明治一一）年の改修計画報告書のなかに、木曽川と長良川とをつなぐ閘門《こうもん》を設置する考えを盛り込んだ。

一八八七年四月から改修が着工された。この工事にともない、一八八八年度から九〇年度にかけて、現三重県長島町を流れていた二つの川と現三重県木曽岬町を流れていた一つの川が閉め切られた。

これらの川の閉め切りと新川建設は舟運や漁船の便利を悪くする。そこで揖斐川右岸に位置する現桑名市の人びとは、長島の三地点に閘門を設置するよう国会に請願した。

この要望に対し、内務省（現国土交通省）は、舟と筏の交通の便や水位・地形・地質について検討を重ね、海津郡立田村大字船頭平に閘門を建設することにした。一八九九年、のちに建設される有名なパナマ運河と同じ方式で、長良川と木曽川の両河川の水位を調節して舟や筏を行き来させる仕組みの船頭平閘門の建設が開始された。

## 船頭平閘門

わが国で最初につくられた近代的な閘門は、長工師（技師団長）ドールン（C. J.Van Doorn）の指導で一八七八（明治一一）年から一八八〇年につくられた北上運河（宮城県石巻市）の石井閘門である。この閘門は、門扉《もんぴ》が木製の幅五・九メートル、有効長三一・八メートルで、現在も改修して使用されている。

船頭平閘門は、日本で五番目につくられた閘門である。この閘門は煉瓦《れんが》づくりの躯体《くたい》と鋼製の門扉を有し、一八九九年に着工、三年後の一九〇二年に総工費一五万五千円（現在の金額で五億円あまり）を費やして、有効長三六・四メートル、幅五・六メートルの閘門が完成した。一回の閘門の開閉で、筏を四～五乗収容できた。閘門の扉は観音開きで、建設当初は木曽川二対、長良川一対であったが、一九一〇年には長良川側の門扉が一対増設され、日本最初の複扉式閘門となった。

空から見た船頭平閘門（『KISSO』〔木曽川文庫〕から）

## 閘門を通過する船と筏

閘門を通過する最も大きな舟は大鵜飼舟で、全長一七・〇七メートル、吃水〇・八五メートル。約一七立方メートル以上の積荷を運んだ。筏は、長さ七・二七メートル、幅二・七三メートルから三・六四メートルである。この閘門の通行料は無料で、一九〇八（明治四一）年には、筏一万二三八一乗、舟二万三七五一艘がここを通過している。膨大な数の筏が一一月から翌年三月までの冬場に集中するため、閘門に入れない筏は閘門外で順番待ちの夜明かしをしたほどである。

筏は木曽川から閘門を経て長良川に出て桑名へ下るものが大部分であった。一方、揖斐川上流からの竹筏や約一三メートルの長尺材の杉丸太が、造船用材として長良川から閘門を経て木曽川へ入り名古屋へ回漕された。

## 筏輸送の終焉

船頭平閘門を通過した舟の数は、閘門が完成した一九〇二（明治三五）年の翌年に、最高の二万七一六九艘を記録した。その後、年ごとに減少し、一九七二年以降は五〇〇艘台になり、一九九三年には三八八艘にまで減少している。

舟の通過数は、鉄道の発達や車両の増加で、陸上交通が運輸の中心に移っていく時代の趨勢《すうせい》と反比例している。道路の整備や橋梁の建設によって、舟による川運は急激に減っていくが、これを国道の整備と関連して述べよう。

一九三六（昭和一一）年から一九四一年までの船頭平閘門を通過した舟数に関する資料は欠落しているが、木曽川に架かる国道一号の尾張大橋が一九三三年に完成し、翌年に長良川・揖斐川に伊勢大橋が架橋された。これで、三川を陸上だけで渡ることができることになり、一九三五年に舟九三六三艘が通過しているが、七年後の一九四二年には二八八一艘と激減している。つまり、国道一号での陸上輸送の隆盛によって、舟の通過数は四分の一に激減したのである。同様な傾向が名四国道完成後にもみられる。一九六三年に長島南部を通る名四国道が完成した。翌年の一九六四年には二二三九艘もの舟数を記録したが、その後、徐々に数は減少し、一九七二年以降は五〇〇艘程度となった。

一方、筏は、一九〇五年の日露戦争景気によって八六四〇乗と通過数は飛躍的に増加した。これ以降も、一九〇八年に一万二三七九乗と増加を続け、第一次世界大戦が終結した一九一八（大正七）年には一万四〇八八乗と最高の通過数を記録している。

ところが、この筏通過数を最後に、一九一九年七月に発電を開始した賤母《しずも》ダム建設、一九二四年には恵那市大井町の木曽川本流にダム高五三・三メートルの大井ダムが建設され、筏による川の道は遮断された。一九二六年には、筏の発進基地であった錦織《にしこおり》綱場が閉鎖され、船頭平閘門を通る筏も急激に減少した。ついに一九五二年、筏の通過は一乗となった。この二年後に丸山ダムが完成し、筏による木曽川の川送りという伝統の息の根は完全に止められたのである。

## 新たな船頭平閘門

一九〇二（明治三五）年に建設された閘門は、長い年月の間に、①閘室内の間知石積《けんちいしづみ》の法面《のりめん》からの漏水や下層地盤からの湧水発生、②閘頭部の擁壁に発生した亀裂からの漏水、③常時、水面下に位置している門扉の激しい腐食や門扉の全閉時に生じる隙間による水密性の低下など、多くの場所に老朽化が目立つようになった。

長良川側から見た船頭平閘門

そこで、一九九三年一一月から老朽化対策工事がおこなわれ、一九九四年七月に新しい閘門が竣工した。高さ七メートル、重さ一〇トンの巨大な外国製の造船用厚板で製作された旧門扉が、重機などない当時、どのように設置されたか興味が尽きないが、この旧門扉は防錆《ぼうせい》塗装の必要がないステンレス鋼材の門扉に交換された。また、閘室護岸の根固めと浸透を防ぐために打ち込んであった松製の木矢板《やいた》を鋼矢板に代え、閘室法面の石積みを練石《ねり》積みとした。さらに、旧門扉の開閉は手動であったが、操作の省力化を図るため、船頭平閘門管理所からの遠隔操作となった。これ以外にも多くの部分に改良が加えられ、船頭平閘門は一新した。

閘門は二〇〇〇年五月二五日に重要文化財（文部省告示第一〇三号）に指定された。船頭平河川公園は、終日、散策や太公望が腕を競い合う憩いの場となり、見事に咲く桜は、地域住民のお花見の名所となっている。

## 9　北海道へ移住した人びと

明治の木曽三川改修では大幅な河道の拡幅がおこなわれた。そのため、従来からあった農地や宅地が新しい川の底に沈むところもあった。こうした影響を受ける長島（三重県桑名郡長島町）・立田（海部郡立田村）さらに桑名の農民たちの多くは、新天地を求めて北海道へ移住することになったのである。

先住民のアイヌ文化と江戸時代からの既得権益を主張する明治政府との間で、アイヌ人と本土出身者の間に不協和音が発生していた。北海道への移住者たちは、いきなりこうした状況のなかへ放り込まれたのである。打ち下ろした鍬は極寒に凍てつく大地にはね返され、果てしもなく広がる原生林を見て呆然自失に陥り、ほんとうにここが新天地なのだろうかと、人びとは繰り返し自問した。さらに人びとを怖れさせたのは羆《ひぐま》の脅威である。開発が進めば進むほど生棲域を狭められた羆に襲われる危険性は増え、被害は甚大であった。

このような時代的背景を押さえたうえで、ここではおもに、三重県長島町から北海道苫前《とままえ》町へ移住した人びとの開拓の苦労を追っていこう。

## 苫前の地名の由来と村の成立

五月のゴールデンウィークごろに、エゾエンゴサクの可憐な花が苫前の至るところに咲き誇る。「トママイ」はアイヌ語「トマオマイ」の略語で、トマ・オマ・イ（エンゴサク・ある・ところ）の意味である。この「エンゴサクが多く咲くところ」のアイヌ語に漢字を当てはめ、苫前になったのである。ちなみにアイヌ文化に文字はない。口頭伝承《こうとうでんしょう》を主体とする無文字社会であった。

苫前郡の北側を流れる古丹別川《こたんべつ》は、北流する三毛別川《さんけべつ》と合流して苫前を流れ下り、日本海に注いでいる。したがって、古丹別の「コタン」はアイヌ語で「地域や集落」を、「ベツ」は「川のあるところ」を意味している。

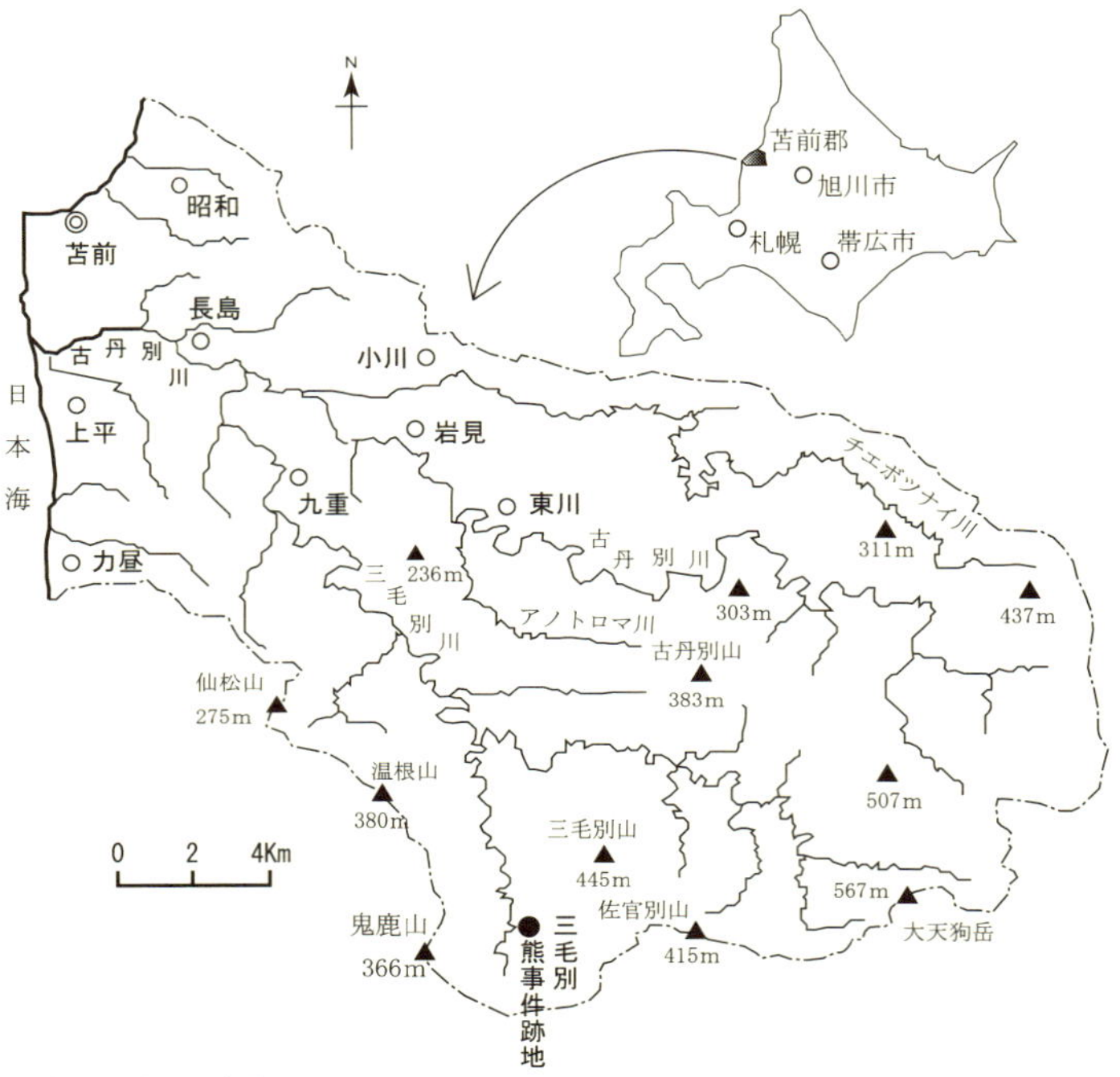

苫前郡の地形と各支川

コタンベツ（古丹別）は「川を中心とした集落」を意味する地名である。

苫前町は面積四五四・五二平方キロ、人口四七〇二人、世帯数一七七二世帯の半農半漁業の町である。苫前は、天塩《てしお》山地に発する古丹別川とその支流二本が肥沃な稲作地帯を形成するほかは高台段丘で、一九九五年の資料では、田畑は三五六五ヘクタール、草地と森林は三三六四ヘクタール、町面積の約八五パーセントが森林で大半が国有林である。

三重神社境内のエゾエンゴサク

松前藩は、日本海に面して天然の良港をもつこの地を一六〇〇年代から「トママイ場所」と呼び、一七〇〇年代後半にかけては交易所を置き、人びとの往来が始まった。やがて浜は豊かな漁場を求めてやってくる人びとで繁栄し、定住者も増え、山林原野の開拓も進められた。
一八七七年代に古丹別川尻（宇香川）で水稲の試作が成功し、農業にも有望なことが明らかになり、人口も急速に増加した。一八八〇（明治一三）年に戸長役場が設置されたのが村の始まりで、一九四八（昭和二三）年に町制が施行された。

**極寒の地への移住**

長島村（現三重県長島町）の七二歳になる伊藤甚左衛門は、四日市で、さらに津でも北海道へ渡る申請をしたが高齢のために許可が下りず、ようやく鳥羽で北海道へ渡る許可を得た。当時は申請場所を変更して挑戦すれば、相手によってはこうした配慮も得られたのだろう。思えばのんびりとした時代であった。

伊藤は一八九五（明治二八）年に帯広に入植した。心配して北海道に来た娘と孫は北海道での作物の生育がよいことを知り、地元に帰った両人は、近隣の農民に北海道が農耕に適していることを伝えた。

翌九六年、移住希望者の代表として伊藤藤太郎（長島村殿名《とのめ》出身）、伊藤軍次郎（伊曽島《いそじま》村白鶏《はっけ》出身）、森磯右衛門（伊曽島村横満蔵《よこまくら》出身）の三人がまず渡道した。三人は北海道庁の役人から、「帯広よりも苫前村古丹別のほうが地味が肥沃で農耕に適している」と勧められ、古丹別への移住を決定した。

帰国後、長島村と一部木曽岬《きそざき》村出身者からなる長島団体は伊藤藤太郎を団長に四五戸、伊曽島出身者からなる伊曽島団体は伊藤軍次郎、森磯右衛門、太田松次郎を団長に四三戸、三重団体は稲垣吾一郎を団長に三五戸を編成した。

三団体の先発隊として、一八九七年三月に桑名港から長島団体二八戸、伊曽島団体三二戸が出発した。四日市港で船を乗り換え、小樽港で米や味噌を積み込み、四月中旬に苫前港に上陸した。

旅館や漁業家の納屋などを宿舎とした彼らは、宿舎から苫前町古丹別原野の入植地までの距離約六キロの往復に、大木が繁茂している大原生林を一日費やして歩いた。前途多難な開拓生活の、これが始まりであった。

## 原生林の開拓

団員は樹木が密生した大原生林に入植した。笹小屋を立て、初年度は粟《あわ》、黍《きび》、馬鈴薯《ばれいしょ》を栽培して、翌年からの開墾に備えた。大木を伐り倒して耕地を徐々に増やすのである。大人が二人で抱えきれないタモ（正式名はイチイの木）の大木が密生していた。一本を伐り倒すと、原生林の上に空が現れた。木の根っ子を処理するのは後に回し、少しでも鍬が入る広さになったら、すぐに食料用の作物を植えつけた。明るいうちは開墾の仕事に精を出し、夜になると大木の根っ子に火をつけて燃やした。子どもたちは火の回りではしゃぎ、夜空を焦がすきれいな火を見上げていた。

苫前町は二つの川が合流している川の多い町で、移住者は古丹別川の比較的低い土地に住みついた。ところが、移住した翌年の一八九八（明治三一）年には、遠く北海道の地へ水害を逃れて来たのに、またもや水害に苦しめられることになった。低地の小屋は水に没し、作物は流失または腐敗した。また、雪解け水は各団体がつくった橋を常に押し流し、橋の復旧作業が待っていた。しかし、このような災害にも挫《くじ》けず、早くも一九〇一年ごろには各戸に農耕馬が一頭から二頭飼育されるようになったのである。

開拓民の笹小屋（『古丹別開基 100 周年記念誌』から）

なお長島団体は、移住早々の一八九八年に説教所（のちに寺となる）を建設し、団員たちの唯一の娯楽場所である集会所を兼ねた。一九〇〇年には多度神社を勧請し、一九〇五年に長島神社として川南七線に祀った。伊曽島団体も、一八九七年四月に伊曽島村松蔭野亨寺《やこうじ》より田鶴浦住職が入植して説教所を建て、のちの広円寺の基礎を築き、小学校、神社も団体地内に建てた。

暖かい夏は短く過ぎ去り、零下二〇度におよぶ極寒の日々がたび重なった。吹雪のときは、囲炉裏の煙出しから吹き込んだ雪が、朝になると小屋のなかに三寸（約九センチ）も積もることがめずらしくない生活であった。ストーブは一九一六（大正五）年ごろにようやく使用されはじめたのである。

この極寒の地での農作業は想像を絶する厳しさであった。移住者の子孫の人びとは、親から「手を怪我しても冷たくて、痛さを感じなかった」「うっかり素手で金属を触り、手が離れなくなった」さらに「素足で水田に入ると、頭の先まで冷え込む気がするほど冷たかった」と聞かされている。農作業用の特長ゴム靴が使用されたのは、一九二六年前後（大正末期～昭和初期）

であった。

入植当時の粟・黍・馬鈴薯の主食が麦食に代わり、一九二〇年代に入ると水田専業農家も増え、米が主食となっていった。こうした苦労の末に、一九三八（昭和一三）年の新地番設定の際、第二の故郷・苦前にそれぞれの出身地に因んだ名を刻もうと、長島団体は「長島」を、三重団体は「九重《ここのえ》」をそれぞれ地名につけ、木曽川河口での暮らしをしのんだのである。「九重」とは、桑名の雅語「九華《くはな》」と三重郡の「重《え》」をとって命名したものである。

なお現在、苦前町と長島町は、双方隔年ごとに開催地を替え、町民同士の有意義な交流がおこなわれている。

## 【コラム】減反と後継者難の逆風にも負けない子孫

苦前に移住者した人びとの子孫（三代目）から現在の農業の状況を聞いてみた。

「うちらの班のなかには一戸も農家をやっていない班ができた。二〇代で農業をやっている人はいない。三〇代か四〇代で三戸か四戸程度」、九重の人は、「九重の戸数は昭和三〇年代に九五戸あったが、いまは六〇戸に減少している。そのうちで専業農家ではないが、農家やっているのは四五戸。これでも、九重は苦前で一番農家が残っているところです。農業をやめた人は札幌へ行った」と、ここでも後継者難を聞かされた。また他の人は、「幅広くなんでもつくったらよいのだが、広くつくると採算があわない」「減反は農家に打撃を加えた。一五ヘクタールの田んぼをつくっていた時代があるが、そのときが経営的には楽だった。ところがいまは減反、それで野菜やメロンをつくると金がかかり暇がない。開拓当時の苦労もわかるけど、いまの若

苦前の電力風車

い者も大変」「先祖から土地をいただいたんだけど、後継者がいなくなるのは寂しい」と、荒野を開拓した祖父から三代目の古老たちは、後継者難と減反政策とで、将来の農業経営に不安を抱いていた。

ある古老が、「苫前はいま、海から吹きつづける強風を逆手《さかて》にとってクリーンエネルギーを供給する風力発電の町として全国に脚光を浴びている。農業も逆風を逆手にとってがんばっていきたい」と、力強く今後の農業経営について語った言葉が忘れられない。

## 【コラム】苫前町三毛別《さんけべつ》地区での羆《ひぐま》による九人殺傷事件

北海道内の羆による人や農林畜産業への被害は少なくない。一九五五（昭和三〇）年以前の被害統計は断片的な記録しかないが、明治以降の羆による死傷者は一〇〇〇人以上に達している。

一九一五（大正四）年一二月九日から一二日にかけて、一頭の羆が九人を殺傷する事件がおきた。

苫前町字三毛別（現在は三渓別と記す）の開拓集落（当時：苫前村大字力昼《りきびる》村御料農地六号新区画開拓部落六線沢）には、一九一〇年ごろから相前後して、隣村の大椴子《おおとどこ》・鬼鹿《おにしか》両開拓地からこの新耕地へ一五戸が入植していた。

九日午前、突然この集落を羆が襲い、太田宅に遊びに来ていた九歳の少年と太田の妻マユを殺し、五九歳の同居人に重傷を負わせた。羆はマユを付近の林に引きずっていった。翌日、村人が喰い荒らされたマユの遺体を

凶暴な羆

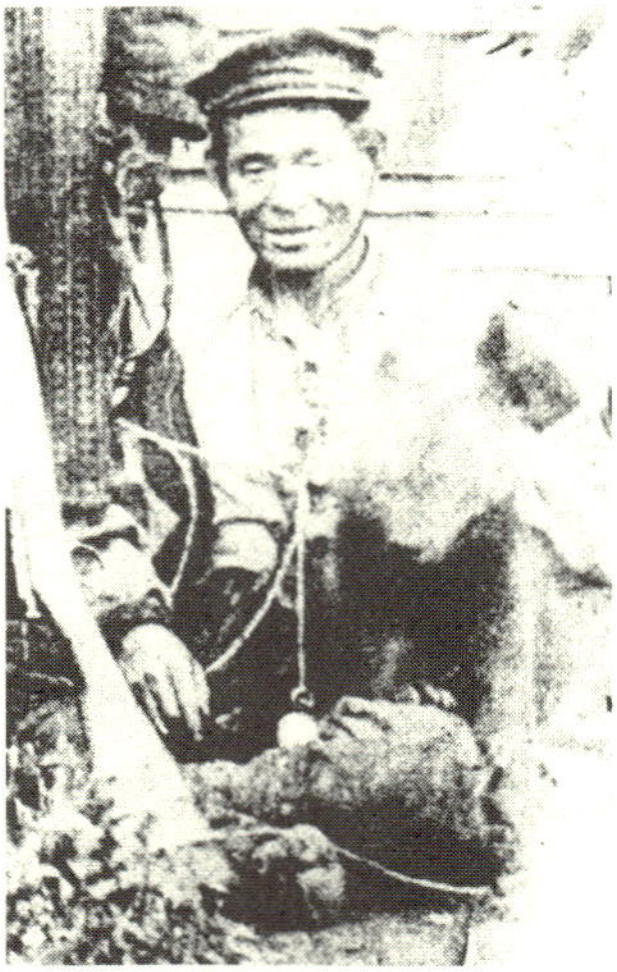

羆撃ちの名人、山本兵吉（1912〔大正元〕年撮影、「ヒグマ」から）

取り返して太田宅で通夜をしている最中、再び羆が現れた。このときは、羆の侵入を知った村人たちの騒ぎで羆は姿を消した。

一〇日午後八時過ぎ、斎藤タケが二人の子どもを連れて、やはり主人が不在の子ども五人がいる明景ヤヨ宅へ避難していた。そこに羆が侵入、臨月のタケと三人の子どもを殺し、ヤヨと一歳の赤ん坊に重症を負わせた。これで被害者は死者六人、重傷者三人の大惨劇となった。

羽幌《はぼろ》警察署は討伐隊を編成し、旭川の第七師団にも出動を要請する騒ぎとなった。一四日朝、身長二・七メートル、体重三四〇キログラムの雄の羆を仕留めたのは鬼鹿村の当時六五歳の猟師山本兵吉であった。

一九六一年から六五年まで、古丹別営林署の経営課長を務めていた木村盛武は、在任中の四年間に、当時の羆被害の関係者から詳しく話を聞き取り、雑誌「ヒグマ」にまとめた。以下に、少し長くなるが、一〇日午後八時五〇分ごろから五〇分の間、明景宅が羆に襲われたときの様子を同文から引用しよう。

「（略）金造を一撃のもとに叩き殺し、そばで震える春義・巌の兄弟に襲いかかり、兄の春義を撃ち殺し、巌に瀕死の重傷をあたえた。この時、野菜置き場の片すみに逃れたタケは、わが子の断末魔の呻き声に、たまらずムシロの影から頭を突き出し覗き見てしまった。執拗なあくなき羆は、これを見逃すはずも無く、いきなり彼女に襲いかかり、絶叫するタケの体に爪をかけ、部屋の中ほどまで引きずり戻した。

彼女は臨月の身で、明日をも知れぬ身となっていた。

『腹破らんでくれ！！』

『腹破らんでくれ！！』

『のど食って殺して！！』

『のど食って殺して！！』

絶叫し続け、ついに彼女は意識を失った。

羆は、生ける彼女の腹を引き裂き、蠢く胎児を床上にかき出し、やにわに上半身から食い始めた。（略）

少年力蔵は聞くまいと、あせればあせるほど、脳裏をゆする人骨を噛む音、断末魔の非常なうめき、見まいとあせっても、羆は目と鼻の先、思わずその方向に目が注がれてしまうのであった。

タケを食い殺した羆は、これに飽きたらず、すでに撲殺した金蔵の胸部・肩部・頭部を食害し、なおも止むことなく、今度はまだ息のある巌の左股・臀部・肩部を食い荒らし止るところを知らなかった。（略）」

この悲惨な状況は、奇跡的に助かった当時一〇歳の少年であった明景力蔵から木村に出された二通の手紙の内容である。

この事件は、吉村昭の小説『熊嵐』で、多くの人びとに知られるところとなった。苫前郷土資料館には、被害者の手紙や吉村昭の小説の原稿などが展示されている。なお、この羆殺傷事件は郷土芸能「くま獅子舞」として舞い継がれ、くま獅子舞は一九八二年に苫前町指定無形文化財の第一号に認定された。

## 【コラム】北海道へ渡った住職

木曽三川改修で長島の地を離れた人びとが、未開の北の大地に夢を抱き、北海道苫前《とままえ》郡古丹別《こたんべつ》に集団移住したのは一八九六（明治二九）年のこと。その翌年の四月、移住民たちの強い要望で北海道へ渡ったのは、伊曽島村野亭寺《やこうじ》三世住職・田鶴浦龍奘《りゅうじょう》である。野亭寺には父と長男・二男を残し、妻と長女だけをともなっての渡道であった。

タモ（イチイ）の大木が密生する原野。冬ともなれば零下二〇度を下る厳寒の地の開拓生活は、想像を絶したものであった。そんな日々を耐えぬくためには、やはり、宗教という心のよりどころが必要だった。

一八九七年六月、間口五・五メートル、奥行九メートルの堀立小屋を建て、仮説教所を開設した。これが現在の広円寺の前身で、北の大地に浄土真宗の法灯が点ぜられたのである。

移住民たちにはもうひとつ、大切な課題があった。子弟たちの教育である。こうした人びとの要望に応え、田鶴浦は子どもたちを集めて、仮説教所で算術・読書を教え始める。これと前後して移住民たちは学校建設に奔走した。一九〇一年一月八日、簡易教育所設立認可を得て、古丹別一〇線五番地の仮説教所家屋（現在の広円寺）を教室に充て、「古丹別簡易教育所」として開校した。これが現在の古丹別小学校の前身である。

現在の広円寺

田鶴浦は児童数二七人の教師となったといわれている。その後児童数もふえ、説教所を使っていた教室が手狭になったため、浅井林左衛門の納屋に移転、さらに林忠太郎の住宅の一部に教室を開いた後、一九〇一年四月には校舎を新築した。「古丹別教育所」と改称し、独立した教育所としてスタートするのであった。

古丹別の初等教育の先覚者として奔走した田鶴浦は、一九〇三年末ごろ、眼病治療のため帰郷しなければならなくなった。七年間の古丹別での暮らしに終わりを告げ、一同が見送るなか、同郷の太田松次郎に背負われて去っていったという。

極寒の地で説教と教育に情熱を燃やし、志半ばで郷里へ引きあげた田鶴浦の胸中はいかばかりだったろうか。田鶴浦の業績はいまも北の大地で語り継がれている。

## 【コラム】南木曽の巨石が旭川へ

上川神社はJR旭川駅から忠別川を渡った神楽《かぐら》公園内にある。神社正面上り口に、高さ約一〇メートルの立派な「一の鳥居」が聳え立っている。本殿に向かって左側の石柱には「昭和八年七月竣工」、「笠石長さ七間高さ三間幅四間信州木曽花崗岩　工作人河井貞一」、右側の石柱には「献納者　松山三郎」と刻んである。

旭川から直線距離でも一〇〇〇キロ以上も遠く離れた信州木曽川の石が、北海道で鳥居になっていた。この大きな石が長野県から、なぜ、どのように運ばれたのであろうか。

上川神社の柴田直儀宮司にそのころの記録を探していただき、一九三三(昭和八)年四月一五日(土)と五月一〇日(火)の「旭川新聞」から、鳥居に関する記事を探し出した。

四月一五日の記事によると、「旭川市一条四丁目の松山三郎氏と三条二丁目の永沼孝治氏の両氏が、一年前に上川神社に鳥居寄進を申し出て、七月二一日の同社本祭までには竣工するはず」と、記されている。

五月一〇日の記事では、「上川神社へ奉納の大鳥居　木曽川河底から採取」の大見出しで、「長野県西筑摩郡読書村の平田菊太郎氏が斎戒沐浴《さいかいもくよく》して木曽川の清流川底より、五月七日に、柱の長さ八・五〇メートル、周囲二メートル、笠石の長さ一二・八五メートル、周囲三・二七メートル

上川神社へ
奉納の大鳥居
木曽川河底から採取

大鳥居の採石を伝える「旭川新聞」の記事

石材を載せた貨車での記念写真（南木曽駅）

もの大鳥居の石を採取し、松山氏と旭川運輸事務所に知らせてきた」ことを伝えるとともに、木曽川での採取現場の写真を載せている。

松山三郎は、一八七五（明治八）年五月に青森県弘前で生まれ、一九二九年に旭川に移転した人物で、永沼孝司は、一八七八年に宮城県桃生《ものう》郡で生まれ、二九歳のとき単身北海道に渡り、建設会社を興した人物であった。

平田菊太郎の孫・松瀬千鶴子（二〇〇三年現在七五歳）にお借りした写真には、確かに平田菊太郎と恰幅のよい松山が握手して、伊勢神宮の御用材の運搬と同じ形式で貨車に乗せられた石材とともに写っている。

二〇〇三年三月、永沼の長男・永沼良雄夫妻、そして松山の三男・松山六郎に旭川でお会いした。

永沼良雄夫妻は、南木曽から巨石を運ぶ際の写真を懐かしげに見て、鳥居奉納の際に父・永沼孝司が上川神社本殿の賽銭箱を奉納したことを教えてくれ、この賽銭箱はいまも本殿正面にあり、右脇に永沼孝司の名前が書かれていた。松山六郎によると、「永沼さんと父三郎はとても仲が良く、お互いの仕事を兄弟のように助け合い、お墓も仲のよかった一人を加え、並んで三つ建っているほどである」と教えていただいた。

松山が旭川から長野県南木曽へ採取された石を受け取りに来たことはわかったが、残念なことに、なぜ木曽川の石を選んだのかはいまだ不明のままである。

# 第8景

# 電力開発と木曽川の水資源

# 1　木曽川水系の電力開発

わが国初めての水力発電所は、「水力発電発祥の地」と名乗りをあげている宮城県の宮城紡績会社の三居沢《さんきょざわ》発電所である。三居沢発電所は一八八八（明治二一）年に出力五キロワットの直流発電機を運転し、工場内に五〇灯と、他に一灯のアーク灯を近くの烏崎山《とりさきやま》・山頂に灯した。一方、わが国初の営業用水力発電は、一八九〇年から発電を開始した京都の琵琶湖蹴上《けあげ》発電所である。木曽川における水力発電のスタートは一九一一年まで待たなければならない。

## 高電圧での長距離送電の成功

初期の送電は、電圧が低く供給距離も短いため、山地や渓谷に立地する水力発電は営業用電力に利用できず、もっぱら供給地に近い地域で、石炭や石油を利用した火力発電に頼っていた。

電力の販売値段は、価格が不安定な石炭や石油による火力発電より、水力発電のほうがはるかに安く設定できた。この水力発電が普及するか否かは、高圧遠距離送電技術の進歩にかかっていた。

一八九九（明治三二）年、福島県の郡山絹糸紡績会社が、猪苗代湖の沼上《ぬまがみ》発電所から一・一万ボルトの送電電圧で二二キロ離れた郡山までの送電に成功した。その後、一九〇七年には、東京電灯会社が五・五万ボルトの電力を山梨県桂川から八三キロ離れた東京まで送電した。この長距離高圧送電の成功によって、電力消費地から遠く離れた発電所建設が本格的におこなわれるようになったのである。

## 発電所建設の胎動

一八七九（明治一二）年一一月、明治政府は殖産興業政策を進めるなか、幕藩体制の崩壊で扶持《ふち》を失った旧士族の就労のため、勧業資金一五〇万円を貸与することを決定した。そのうち、名古屋地方には一〇万円の勧業資金が割り当てられた。時の勝間田知事は、まず士族婦女子のための授産施設・愛知物産組に二万五〇〇〇円を貸与した。残りの七万五〇〇〇円は「其の形跡を明らかにせしめて監督の行い易き公共的事業を経営せしめん」として、電灯事業への貸与に決定した。

旧八百津発電所資料館（元八百津発電所）

こうして中部地方の電気事業は、一八八九年、この勧業資金によって、現在の中部電力株式会社の前身である名古屋電燈株式会社（以下名古屋電燈）が興されたのである。当時、一〇〇キロワットの火力による発電量で、需要家数わずか二四一戸、従業員十数人で営業を開始した。

やがて日清・日露戦争を経て、産業界を中心に急速に電力の需要が高まってきた。こうした社会情勢のなか、一九〇六年には、当時資本金を一〇〇万円に拡大していた名古屋電燈に対抗して、名古屋の実業家たちは名古屋電燈の五倍の資本金五〇〇万円を投入し、名古屋電力株式会社（以下名古屋電力）を設立した。この時期すでに述べたように、ある程度の高圧送電は可能となっていた。

木曽川の水力発電に意欲的だった名古屋電力は、名古屋市内外への電力供給を目的に、一九〇六年、八百津町（岐阜県加茂郡八百津町）に水路式木曽川発電所の建設を開始した。これが木曽川で最初の水力発電所である。ところが、水路式木曽川発電所の導水路工事は思いもかけぬ難工事となった。その結果、当時の費用でおよそ六七〇万円という巨額な出費が名古屋電力へ襲いかかり、工事中に資金繰りの目途が立たなくなり、一九一〇年に福沢桃介率いる名古屋電燈が名古屋電力を吸収合併した。現在、この建物は近代化遺産の指定を受けて、旧八百津発電所資料館となっている。

## 福沢桃介と電力開発

福沢桃介（一八六八～一九三八）は、木曽川だけでも七つの発電所をつくり、当時日本の総発電量の五七パーセントを発電し、「電力王」「経営の鬼才」または「財界の鬼才」「川越の麒麟児《きりんじ》」「山師」「怜悧《れいり》な策謀家《さくぼうか》」「篤志家《とくしか》」「艶福家《えんぷくか》」など、公私にわたって付けられた代名詞は数え上げればきりがない。それだけ多面的で派手な行動が人びとの耳目を集めていたのである（本書第5景を参照）。

桃介は一八六八（明治元）年六月、埼玉県で父岩崎紀一、母サダの次男として産声を上げた。幼少のころから負けん気が強く、大人からも一目おかれるような少年であった。慶応義塾へ進んで福沢諭吉に見込まれ、次女のふさとの婚約を決めてアメリカへ留学した。帰国後はふさと結婚して、福沢家の婿養子となった。

義父・福沢諭吉は明治の初期にわが国の水力発電による産業の興隆を広く提唱していた。帰国後、株の投資でかなりの資金を得た桃介は、義父の理想実現の第一歩として友人の三井銀行名古屋支店長の矢田績の勧めもあり、士族授産会社の名古屋電燈の取締役についた。

このころ、名古屋電燈の福沢桃介は、「一河川一会社主義」を主張して、河川の総合的な開発がなければ電力事業の進展はないと考えていた。そんなところに名古屋電力の窮状の知らせが飛び込んできた。先に述べたように一九一〇年、桃介はこの機を逃さず、ライバル名古屋電力を吸収合併した。これで、木曽川上流の水利開発の権利と計画も名古屋電燈の手中に入った。八百津発電所は吸収合併後の一九一一年一二月に竣工し、翌年一月から当時わが国最高の六・六万ボルトの高電圧で名古屋までの約五〇キロを送電した。

柿其水路橋

ところが、福沢桃介の新しい方針は、士族出身者の閉鎖的な考えと対立し、桃介は名古屋電燈を追われるように退社した。近代化のスピードに馴染めない人びとは、桃介の合理的精神やダイナミックな経営手腕を、怜悧だ、独断的だと批判した。

しかし先を見通す卓越した企業家的才能は、誰にも真似できない貴重なものであった。そこで第一次世界大戦（一九一四〜一八）の前年、桃介は再び名古屋電燈に迎えられ、一九一四（大正三）年には社長になった。今度は思う存分リーダーシップを発揮できる。机下にくすぶる陰口は屑籠に放り込み、事業に心血を注ぐ意思のある情熱的な社員とともに再出発だ。公共に裨益《ひえき》するのが企業本来の使命ではないか。「よしっ！」と決意を新たにした桃介のダイナモは、ここにうなりを上げて回りはじめたのである。

八百津発電所と同様、明治末期までに出願された木曽川の水力発電所はすべて水路式で、上・下流を完全に分断するダム式発電ではなかった。したがって当時は、大川狩りでの流材の支障にならない程度の水量がまだ木曽川には流れていた。しかし、大正期も末期になると、建設技術の進歩とともに発電方式は水路式発電から発電出力効率のよいダム式発電へと移り変わっていった。

一九二一年には、大阪送配電株式会社が、名古屋電燈から分離独立した木曽電気興業と、岐阜県・富山県にまたがる九頭竜川や庄川水系などの水利権をもつ日本水力株式会社を吸収合併し、大同電力株式会社として新たに発足した。これが現在の関西電力株式会社の前身であり、初代社長に就任したのはまたもや福沢桃介であった。

この三社合併による大同電力は、木曽川をはじめ、中部や北陸の豊富な水資源を電力として、関東や関西の都市圏へ大量の電力を供給する大電力会社となった。現在も、木曽川本川の豊富な水は、中部地区を素通りして関西方面の電力源となっている。ちなみに中部電力が木曽川本川にもつダム（堰）は、長野県木曽郡日義《ひよし》村の日義堰から取水する日義発電所が、唯一である。

## 発電所の建設ラッシュ

少し時代を戻し、木曽川の電力開発をみていこう。

名古屋電燈の事業が拡大・複雑化するにともない、桃介は社業を①電力の配電・供給部門と、②発電・製鉄部門とに分離した。まず電力の配電・供給部門はのちに「電気の鬼」と呼ばれた松永安左衛門に任せた。この部門はその後に東邦電力株式会社となって成長した。これが現在の中部電力株式会社の前身である。そして発電・製鉄部門として、桃介は、第一次世界大戦後の一九一八（大正七）年九月、資本金一七〇〇万円で木曽川電気製鉄株式会社を興した。のちに現在の関西電力の前身である大同電力に統合合併する。木曽川電気製鉄（一年後に木曽電気興業）の設立は、製鉄の国家的要請に応えたようにみえるものの、その本意は木曽川での電力開発であった。

こうして木曽川に本格的な電力開発の手が入ることになり、桃介の拡大計画は着々と進んでいった。一九一九年七月には、木曽川で二番目となる賤母《しずも》発電所を木曽郡山口村に建設、出力一万二六〇〇キロワット（のちに一万六三〇〇キロワットに増設）の規模で運転された。つづいて一九二一年三月に大桑発電所、一九二二年五月に須原発電所、一九二三年一一月には桃山発電所とつぎつぎに発電所が建設されていった。

水路式発電所である読書《よみかき》発電所建設工事は、一九二二年三月に本工事に入り、一九二三年一二月に完了した。当時の使用水量は毎秒四四・五二トン、有効落差一一二・一二メートルを暗渠と柿其《かきぞれ》水路橋で導水し、三台の発電機を用いて、当時わが国最大の四万七〇〇〇キロワットを発電した。なお「読書《よみかき》」の名前は、「与川《よがわ》」「三留野《みどの》」「柿其《かきぞれ》」の各村の合併によって付けられた「読書＝与三柿（ヨミカキ）」である。

読書発電所

読書発電所の全工事が完成する三か月前から「実験」と称して発電を開始したが、このわずか三か月間で労力・資材の費用をほとんど賄《まかな》ってしまったと言い伝えられている。なお、この全工事は、延べ一七五万余人の人夫と六〇万袋に及ぶセメントを使用して完成した。需要の見通しがあって始まった事業とはいえ、莫大な投資をこれほどの短期間で回収できたのは、この時代、もはや電力なくしては産業・社会の発展もない社会構造になっていたことの証左だろう。

現在、読書発電所と柿其水路橋は、この工事の資材運搬のために建設された「桃介橋」とともに、国の重要文化財（建築物）に一括して指定されている。なお、桃介橋は、橋が美しく見えるように川幅の最も広いところに建設され、渡島向かいの余水口からの滝のような放水とともに、その景色を桃介は楽しんでいたとも伝えられている。

一九二四年、大同電力は木曽川本川にわが国初の本格的ダム・大井ダムの建設を始めた。この建設を契機に、支川にもダム建設が始まり、最上流部から河口までつながっていた木曽川水系の縦の路は、完全に寸断された。

**飛騨川の電力開発**

岐阜県下における電源開発は、全国の河川水力開発レベルからみるとかなり早い時期のものであるが、同じ岐阜県内でも、木曽川に注ぐ飛騨川の総合的な電源開発はずいぶん遅れた。

飛騨川の谷は深くて急である。そのため少量の雨でも谷が集める水量は多くなり、他の河川に比べて飛騨川の水位上昇は著しい。明治時代の土木技術では、こうした条件を征服して電力開発を進めることが困難であったことにもよるだろうが、飛騨川ではそもそも初期の段階から大規模な企業体による計画的な電力開発がなされなかったことが、遅れの原因であった。

飛騨川の電力開発は木曽川本川の場合と趣を異にしていた。

まず第一点は、木曽川本川が大同電力一社によって開発されたが、飛騨川では、初期の段階は地元資本の中・小の電力会社や組合などによって進められたことが挙げられるだろう。

すなわち、飛騨川における初期の水力開発は、一九一四（大正三）年六月、小坂電燈によって川井田《かわいた》の製材所に発電設備が併設され、小坂町に点灯したのが最初である。次いで一九一七年三月の大淵、一九一七年五月の佐見川、一九一八年五月の加子母《かしも》川、一九二〇年八月の神淵《かぶち》川などの小さな発電所が、小企業や組合などによって、渓流沿い建設された。本格的な開発時期に入ると、上流部は関西財閥系の日本電力が、下流部は名古屋電燈から分離した東邦電力系の会社が二分して開発を競い合った。

第二点は、木曽川本川では戦中・戦後も開発が継続されたが、飛騨川では一九三七（昭和一二）年から一九五一年までの間、開発の空白期間があったことである。一九三七年の日中戦争開戦により、資材はすべて軍需品製造に回されるようになり、やがて戦時統制経済のもと、電力事業は国策会社・日本発送電株式会社にまとめられ、電力も国家管理のなかで自由な開発はできなくなった。敗戦後もしばらくは、財閥や国策会社の解体による企業再編があり、事業の進展どころではなかった。本格的な開発が進むのは、電力会社再編後の一九五一年以降のことで、中部電力が飛騨川を所管することになり、ようやく飛騨川水系の電力開発が総合的におこなわれるようになったのである。

## 【コラム】電燈が切れてもローソクで祝い酒——上麻生村飯高《いいだか》の発電所の落成式

高山線上麻生駅から、七宗町の町並みを眺めながら一キロほど神淵川の流れに沿って上がると、いまは使われない水力発電用の取水堰が見えてくる。それを左に見て橋を渡ると坂道が続き、やがて、少し開けた集落へ出る。そこは加茂郡七宗町飯高加陽地区である。集落の中央を飯高川が流れ、その小川を挟んだ集落には、いかにものんびりとした時間が流れている。川幅は広いところで約一メートル、長さは、源流点から神淵川への合流点まで三キロにも満たない。飛騨川の支流・神淵川へ流れ込む地図に名のない小川である。

大正のはじめ、この集落の八戸で「加陽発電組合」を設立し、出力一キロワットの直流の飯高川発電所が建設された。設置場所は、集落中央にあった水車小屋の下で、ちょっとした広さの田んぼのなかである。導水路は、それまで米を搗《つ》く水車を回していたものを補強し延長した。地元の人びとも労力を惜しまず、維新から五〇年を経たとはいえ、自分たちの手で村に初めて文明開化の灯を点すことに、言い知れぬ誇りと喜びを感じていた。

発電用の用水路取り入れ口付近

落成式は一九一八（大正七）年七月におこなわれた（一九二〇年の説もある）。水車の回転力をベルトで発電機へ伝える方式である。物めずらしさや好奇心も手伝って見学者は遠く神淵や川辺あたりからも来ていた。人びとが固唾《かたず》を呑《の》んで見守るなか、やがて水の力で水車が回りはじめた。回転がベルトに伝わり、ベルトは発電機を動かし、コイルが小さな回転音を発して回りはじめると、発電所の電灯のフィラメントがほのかに赤く染まり、唐がらしの実のような明かりが点灯した。見学の人びとから一様に驚きの声があがった。それまで電灯を見たことのなかった人びとは、火を使わずに明かりが灯るという文明の力にすっかり感心してしまった。

いままでの苦労が報われたことに、思わず涙を流す者さえいた。そんななかで、村中の人びとは落成の祝い酒を飲みはじめた。酔いも手伝って浮かれた冗談も飛び出すようになったころ、雲行きが怪しくなり、ほどなく夕立が降ってきた。水量が急に増えて川の水位も上がり、水車の回転も速くなった。それにつれて直流発電機の回転数も上昇し、電灯はしだいに明るくなった。

「大水は心配の種じゃったが、電灯にはありがたいもんじゃのう」と喜んだ矢先、いきなり電灯が切れた。電灯がひとつ切れるごとに発電機の負荷が小さくなって発電機の回転はさらに上昇する。発電所では予備の電灯に切り替えられたが、やがて発電所近くの家から、電灯は次々と消えていった。

現在一般家庭で使用されている交流電流は、電圧を上げたり下げたりする変圧が簡単で、まず発電所で電圧を上げて高電圧で送電される。これは遠隔地まで送電するときのエネルギー損失を少なくするための措置である。それぞれの目的地では、規格にあった電圧に下げて使用している。しかし当時、直流は変圧が簡単ではなかったので、発電所で発生した電圧を消費地まで直接送っていたのである。発電所から遠く離れるほど送電線が長くなって抵抗が大きくなり、電圧も低下した。こうした直流の性質から、急に電圧が上がれば発電所に近いほど電球にかかる電圧が高くなり、電灯は切れやすくなる。電灯が切れると電力消費が減るので、次の電灯にまた大きな負荷がかかって切れる、この繰り返しで発電所に近いところから次々と電灯が切れていく現象が起きるのである。

電灯を初めて見た人びとは、次々に順序よく明るくなっては切れてゆく電球を、「電気とは不思議なものだ」とただ呆然と見つめていた。最後には電圧の一番高い発電所の予備の電球まで切れた。見学に来た人びとは「わしらに消えるとこ見せたんかね、難しいものをつくりなさったもんじゃ」と言いながら、村の人びとは真っ暗になった発電所にローソクを灯して祝い酒を囲み、この村では「一番の文明のあかり」の自慢話を酒の肴に飲みつづけたという。

## 2 木曽川の水利権争い——島崎広助対福沢桃介

水力発電に利用する以前から、川の流れは、木材や物資などの輸送、さらに人びとの交流の道に利用されてきた。木曽川は明治以前から、小谷狩りで支川から狩り出された木材が本川に運ばれ、本川の大川狩りによって、木材は木曽谷から八百津町錦織《にしこおり》（現岐阜県加茂郡八百津町）の綱場まで管流しされた。木材は各綱場で筏に組まれ、名古屋の白鳥（現名古屋市熱田区）や伊勢方面へ運ばれた。そのなかで〝木曽節〟などの労働歌も生まれた。生活も川の流れとともに営まれていたのであった。

福沢桃介は、日本屈指の木曽の美林が豊富な降雨をその貯蔵庫に溜め、一年中怒涛のように無尽蔵な水が流れている木曽川に着目した。彼はこの豊かな流れを電力エネルギーにするには、ダムをつくることが必至であり、川を止めるからには御料林からの運材方法も代える必要があると考えた。

当時御料林を所管していた帝室林野局は、ダム建設を本・支川に許可すると大谷・小谷狩りが不可能となるとわかっていた。その代案として、帝室林野管理局長官は、一九一一（明治四四）年五月に開通した中央線と小谷狩をおこなっている各谷とを森林鉄道で連結する必要があると考えた。ダム建設と木材輸送方法に関する協議の結果、帝室林野局と名古屋電燈が森林鉄道を敷設して木材運搬をおこなうこととなり、ここに木曽川開発が始まったのである。

## 水利権の明け渡し

島崎藤村の実兄・島崎広助《ひろすけ》は父の意志を継ぎ、木曽木材が木曽谷住民の所有になるよう力強く運動するとともに、木曽谷の川の水を使用する水利権は、木曽谷全住民の貴重な財産であると考えていた。

明治時代に入っても、木曽谷では木曽川から水を引き田畑を潤すという暮らしに変わりはなかった。この水を使用する「慣行慣例水利権」は、先祖から大切なものだと言い伝えられてきたが、人びとは田畑に使用しない水の大切さまでは実感できず、明日の生活の糧を得ることに汲々としていた。

広助は明治三〇年代末、「木曽谷一六町村が一致団結して、木曽谷全体の問題として木曽川の水利権を考える必要がある」と説き、「郡内の水利権を地元の町村で管理する」ことを強く呼びかけ、一九〇六（明治三九）年九月一六日付で「西筑摩郡全体の公益保護」に関する書類を木曽谷の各町村長に送った。この一年後の一九〇七年に、東京電燈会社が山梨から東京までの高圧送電に成功しており、その一年前に水利権に対して公益保護を打ち出した広助は、時代の夜明けを知る人物であった。

ところがこの提案に対し、すでに一九〇六年に、広助の出身地である吾妻《あづま》村は蘭《あららぎ》川の水利権に関する契約を名古屋の中央電力会社と締結していた。一方、吾妻村の隣の読書村は、発電所建設の補償として小学校改築費用に二〇〇〇円をもらい受けることで水利権を手放していたし、田立村では集会所の建設資金の一部を電力会社から受け取ることで、名古屋電燈との間で発電所建設に関する契約が終了していた。いくら広助が水利権の地元管理を唱えても、広助の出身地とその隣村がこの態度では、他の町村も耳を貸すはずはなく、わずかな目先の金で貴重な水利権をただ同然で電力会社に渡していた。

『南木曽町誌』は、「もしこの時広助のいうように、郡下の町村長が一致して水利権を確保していたら、企業家に水利権を譲るとき、よりよい条件による代償を獲得して、木曽谷は大いに潤ったことである」と、述べている。たとえば、蘭川の権利を得た中央電力会社は、「吾妻村と妻籠区に一〇〇〇円と三〇〇円を寄付し、吾妻村に配電を行ない、電灯料を半額とする」としながら、「もし配電しないなら、金銭で支払う」とも書き、安く地元に売るよりも送電して高く売ることを計画していたと考えられる。結局、中央電力会社は会社を設立しなかったが、村は目先の欲にとらわれたのである。

一九一六（大正五）年六月、名古屋電燈は、第一次世界大戦の最中で電力需要が大きくなるのを見越し、これまでの水利計画を変更した新水利権を長野県に認めるように要求した。この変更は郡下の水利用に大きな影響を与えるので、広助は名古屋電燈に新たな保証をするように働きかけた。しかし、木曽福島町長、交渉委員さらに木曽福島町会の背信で、水利補償問題は郡内へ電信電話を敷設するための補助金三万円で妥結してしまった。御下賜金を各村が一万円もらっていた時代に、補助金が三万円とは、開いた口が閉まらない。

一九一八年、賤母・大桑の両発電所が工事に入った。工事が進むにつれ、木曽川が土捨て場となり、さらに木曽川での木材輸送に支障が出てきた。一九一九年一一月、広助は再度立ち上がった。そして上松以外の一五町村

上松付近の木曽川を下に見て流れる発電用水路

長は、広助に福沢桃介率いる名古屋電燈との交渉を委任したのである。この交渉は一九二一年四月の郡民大会へと持ち越された。大会では決議文が採択されたが、地域エゴが錯綜し、大荒れで終わった。一方、名古屋電燈は会社の負担を少なくして、木曽川の水利補償を解決する方針であった。企業経営者なら誰でも当然考えることであろう。桃介は広助のグループを離反させ、郡町村長の有力者を会社の陣営に引き入れ、水利権の許認可権をもつ県をも抱き込んだ。桃介の作戦によって広助の道は塞がれ、同年五月、ついに広助は町村長からの委任を解約せざるをえなくなった。

あまりにも安く水利権が名古屋電燈に売却され、広助と桃介の対決は、広助が苦い敗北を味わった。

島崎広助が水利権問題から手を引いた後、一九二一年六月に、郡下町村長は名古屋電燈（のちの大同電力）との水利権問題の折衝を長野県知事に一任した。翌年二月、知事は調停案として、奈川から読書村までの一六か村合計で二万九〇〇〇円の補償金額で妥協、さらに、「以後木曽川の本・支流で水利権が認められても、新たに保証金は出さない」との項目が書き込まれた。郡下町村はこの案をのみ、とうとう木曽川全域の水利権を放棄してしまったのである。またこの際、木曽川の漁業補償問題はわずか一〇〇〇円で決着している。これで、木曽川を流れている水の使用権はすべて福沢桃介の名古屋電燈に属し、「木曽川をもう一本つくった」といわれたように、多量の水を通す発電用導水管が木曽谷に敷設されることになった。

## 時代の流れと広助

島崎広助の水利権に対する卓越した考え方に反し、各町村の長は目先の欲にとらわれ、水利権に対する認識と洞察力に欠けており、桃介の「各町村に対する各戸撃破の方針」に篭絡《ろうらく》されたのであった。時代状況や地域の事情を顧みると、谷深い貧しい土地に降って湧いたような補償金の話は、当時の住民心理を考えれば棚から牡丹餅《ぼたもち》のように受け止められたに違いない。それをこじらせることを恐れる人びともまた多かったに違いない。そこが桃介の狙いどころでもあったわけだが、島崎広助が郷党に呼びかけたのは、権利というものは主張して守るものであること、開発が住民の希望であったとしても、資本家の言い分を大局的に判断せねば大損をすること、また、藩政時代から身に染みついたお上意識を払拭し、自治に目覚めよということであった。

しかし、蒸気機関車から出る煙や火の粉が家や桑の葉を焦がして難渋するというので、鉄道の敷設に大反対した人びとは、やがて鉄道沿線が急速に発展する姿を見てみずからの時代遅れを痛感した、といった時代である。恐るべき近代化のスピードにほとんどの日本人はついていけなかったのである。これを考えれば木曽谷の人びとの判断を責めることはできないが、近代的な知識を身につけ、住民の権利を守り自治の精神を育もうとした島崎広助は、山国には早すぎた逸材であったのかもしれない。アメリカ仕込みの合理精神をもった福沢桃介も、広助だけは相当手ごわい人物と評価していたはずである。

## 【コラム】電力王福沢桃介と三色桃

須原発電所の排水路に沿って咲く三色桃には、福沢桃介との関係を示すエピソードが残っている。赤、白、ピンク三色の花を咲かせる桃は、一九二二（大正一一）年の須原発電所建設当時、大同電力社長の福沢桃介がドイツから持ち帰ったとされている。

現在、三色桃を増やして植樹している、妻籠宿在住で元関西電力に勤務していた藤原長司は、三色桃の由来についてこう語っている。「桃介さんがドイツのミュンヘンにあるシーメンス会社に水車の商談に行ったときのことです。庭に三色の花桃がいまを盛りと咲いているのを見て、『私は桃介といいます。この桃の花がどうしてもほしい』と工場長へ述べ、そして、三本の苗木を購入し、帰国したと伝えられています」

須原発電所の三色桃

しかし、大同工業大学名誉教授の石川太郎によると、「そのころの歴史を調査しても、桃介がドイツへ行ったことはない。水車の買い付けには大同電力の副社長であった増田次郎が行っている。たぶん、増田が桃介への土産話として桃のことを伝えたのであろう」とのことである。

いずれにしても、地元の古老の話では、苗の移植のために桃介お抱えの庭師ほか二人をドイツへ向かわせて移植作業をおこなったというから、桃介はずいぶんこの花を気にいっていたことがうかがわれる。

移植したのは三本の桃の木であった。その木は水車の据わった須原発電所の構内に植えられた。いま、発電という大仕事を終えた水が、再び木曽川という親元へ返される吐き出し口である。桃介が水への感謝と慰労のために、ここに植えたのではないかと思われてくる。

先の大戦では日本本土も空襲を受け、軍事産業のエネルギー源である発電所は航空機爆撃の標的となった。しかし三色桃は太平洋戦争とも無縁に過ごし、三本はすくすくと育った。しかし、そのうちの一本は伊勢湾台風の被害に遭って倒れ、一本は枯れた。最後の一本も一九九八年秋の台風時に倒れてしまった。

現在は、その二世たちが須原発電所から約一キロ下流の木曽発電所まで、関西電力の職員らによって植えられており、美しく春を告げ、人びとの目を楽しませてくれる。また、あまり知られていないが、妻籠宿や清内路にも多くの三色桃が植樹され、隠れた名所になっている。

## 3 ダム式発電所の建設始まる

一九二四(大正一三)年一二月に大同電力が運転開始した大井発電所は、木曽川本流を閉め切った日本で初めての本格的なダム式発電所であった。それまでの発電所はほとんどが水路式発電で運転されていた。

水路式発電はダム式発電と違い、堰で取水する。そして導水路を延長して高低差を大きくすることによって、高出力の電力を得ている。しかし、ゴミや砂利は水車を傷つけて水車の寿命を短くするから、ゴミや砂利の除去に気を遣わなければならない。

木曽川における発電では、一度発電に用いた水のなかのゴミや砂などを取り除き、沢などに設置された堰、あるいはダムから得た補水を合流させ、再び発電用水として使用している。つまり、発電を終えた水は川へ帰らず、放水路から山中を隧道《ずいどう》(トンネル)で貫き、コンクリートの水路橋や鉄管で次の発電所へと運ばれるのである。

開水路としては、近代遺産にも登録された柿其水路橋が有名で、このように一部の水路はわれわれの目の前に姿を現してくれる。しかし大部分の発電所への水は、木曽川両岸の山中を貫く隧道のなかを流れている。

関西電力管理下の木曽川の導水路の総延長は約一五〇キロにもおよぶ。ちなみに長良川の総延長は約一三六キロで、導水路を一本の川と見立てるならば、ほぼ長良川と同じ長さのもう一本の木曽川が木曽の山中を流れているといえるのである。

しかし、導水路がなくなる兼山ダムの下流域に至ると、木曽川の水は愛知用水路などにみられるように、もう木曽川へは帰れない水路へと流れる。知多半島の田畑を潤し、また、海底を潜って篠島へ渡り人びとの生活を潤し、そして飲料水としても名古屋市周辺の生活に欠かせない水になるのである。

現在、木曽川に建設された関西電力の発電所は、最上流の三浦《みうれ》(長野県大滝村)から最下流の今渡《いまわたり》(岐阜県美濃加茂市、可児市)まで三二か所を数え、合算すればおよそ一〇〇万キロワットの電力を発電していることになる。

## 日本初のダム式発電所の建設

「男伊達なら　あの木曽川の　流れくる水　止めてみよ」と筏師《いかだ》に歌われた、激流の木曽川の流れを恵那市大井町の大井ダムが止めたのである。

一九二一(大正一〇)年、米国から輸入したブルドーザーや資材運搬用のロープウェイなどの最新機械を用いて大井ダムの建設が始まり、一九二四年には湛水開始にこぎつけた。わずか三年余という短い期間に、ダム高五三・三八メートル、堤頂長二七六メートル、水門二二を備えたコンクリートダムが完成したのである。

建設途中には、大洪水によるダム破壊に見舞われ、また、一九二三年九月には関東大震災の影響で資金難に陥った。すでに一〇〇〇万円以上を投資していた桃介はアメリカへ行き、日本企業として初めて米国のジロン・リード社で外債を発行して合計二八五〇万ドルを集めた。当時の米価一〇キログラムが約一円の時代に、

大井ダム

総工費一九五二万円、延べ労働者一四六万人を要して、一九二四年一二月わが国初の発電用ダム・大井ダムが完成した。そして出力四万二九〇〇キロワットを誇る大井発電所として運転を開始したが、現在の金額にして五〇〇〇億円近い大プロジェクトであった。

ダム建設に際しては、ダム下流域で取水する灌漑用水の調整問題も発生した。下流域の灌漑用水は、江戸時代から確保されてきていたが、大井ダム建設によって灌漑用水の取水に大きな影響が発生した。そこで大同電力は、一九三九（昭和一四）年三月に木曽川と飛騨川の合流点下流に建設された今渡ダムが運転開始するまで、灌漑利水者に毎年、取水堰補修の経費を補償することになった。

現在大井ダムは、完成当時の大井発電所と一九八三年完成の新大井発電所で八万二〇〇〇キロワットの電力を生産している。

ここで、大井ダム建設のエピソードに触れておこう。

建設現場には木曽川両岸からワイヤーロープが張り渡され、それに建設資材運搬用のクレーンが取り付けら

恵那峡を見ている桃介と貞奴（右下のレリーフ）

れていた。桃介は、「クレーンのバケットで現場まで降りるが、一緒に誰が行くか?」と聞いたが、一本のロープに繋がっただけの頼りないバケットに入り、ダム堤からはるか下まで降りる勇気は誰にもなく、並みいる重役も黙り込んでしまった。そのとき、桃介の愛人・川上貞奴《さだやっこ》が「私が参ります」と明るい声を上げ、二人はバケットに乗り込むと、はるか下の谷底に見える現場にするすると下りていったという。この川上貞奴（本名は貞）は、明治から大正時代の女優で、アメリカ、イギリスの舞台、さらに一九〇〇年のパリの万国博に出演した国際女優として有名な人物である。

恵那市観光協会が大井ダム六〇周年を記念して、桃介と貞奴二人が建っている銅像建設を計画した。桃介の遺族は了承したが、貞奴の遺族は「奥様に申し訳ない」と辞退した。そこで、妥協案として桃介一人の銅像と少し離れたところに貞奴のレリーフを飾ることになった。銅像とレリーフは大井ダム湖（恵那峡）を見渡す地に建っている。

## 【コラム】丸山ダム建設悲話

兼山ダムが一九四三（昭和一八）年に完成した翌年、ダムから約六キロ上流に、丸山ダムが日本発送電株式会社によって起工された。当初の計画では貯水量は東洋一で、兼山ダムの三倍の発電出力をもち、軍需産業の動力源として、阪神や中部の工業地帯へ送電する予定であった。

放流中の丸山ダム

丸山ダムの完成は、第二次世界大戦下の国力増強のためにどうしても必要であった。しかし、若い国民は兵隊となり、戦局の悪化とともに労働力は欠乏し、さらに、資材や建設用の機器などの不足も重なっていた。

こうした人も資材も欠乏した工事計画のもと、丸山ダムの建設は突貫工事でおこなわれ、人海戦術で工事が進められた。しかしその作業労働者のなかには明らかに未成年である朝鮮人・中国人の強制労働者、そして戦争捕虜たちが含まれており、工事中は多数の死傷者が続出した。こうした犠牲が払われながら、結局一九四五年五月、工事は中止となり、その三か月後に日本は敗戦を迎えた。

丸山ダムには、丸山地蔵と三八人の名前を記録した慰霊碑が祀られているが、いずれも戦後再開された二回目の工事の殉職者慰霊碑である。一回目の工事での慰霊碑はどこにも見当たらない。一回目の工事による犠牲者の葬儀は、多いときには毎日のように善慧寺《ぜんねじ》でおこなわれたが、寺に記録は残っていない。戦後になって朝鮮から遺骨を引き取りに来た方もあるが、記録のないいま、戦後工事の殉職者数から、戦時中の困難な工事に思いをはせるのみである。

現在の丸山ダムは前述のとおり、一九五一年に関西電力株式会社によって工事が再開され、洪水調整をかねた多目的ダムとして完成した。いまは、さらに大きな洪水に対処するため、ダムの嵩上げ工事が進行しているが、戦時中に国策の犠牲となった方々の無念の思いは忘れたくないものである。

## 4 木曽川源流部での利水開発——味噌川ダム建設

鉢盛山《はちもりやま》からの木曽川と標高一四八六メートルの境峠から流れ下る笹川《ささがわ》が、木祖村小木曽《おぎそ》地区の笹川橋地点で合流している。ちなみに、かつては笹川との合流前の木曽川を味噌川《みそがわ》と呼んでいた。味噌川とは少し奇異な感じの名前であるが、むかし木曽川は「曽川《そがわ》」と呼ばれ、最上流では、「未《いま》だ曽川にならざる川」の意味で「未曽川」と呼んでいたのである。それが、いつの間にか「味噌」の字を当てたと伝えられている。

木曽川の最上流に位置している木祖村は、「木曽の祖」を意味しており、中山道木曽一一宿のひとつ、薮原《やぶはら》宿として栄え、一八七四（明治七）年に、薮原村・荻祖《おぎそ》（小木曽）村・菅《すげ》村の三村が合併して現在の木祖村となった。

源流部木祖村は周囲を二〇〇〇メートル級の山々で囲まれた村で、村の総面積一万四〇四六ヘクタールの約九四パーセントが山林と原野である。さらに山林のうち六〇パーセントが国有林であり、山懐に深く抱きかかえられた木祖村では、山林は村の重要な資源である。

ここでは、先人たちが水田開発のために多くの困難を克服して開発した用水の足跡を訪ね、その後、近代技術を縦横に使用して建設した味噌川ダムと下流域住民との関係について述べていこう。

右が木曽川で左が笹川、木曽川の奥に味噌川ダム

## 木祖村の用水路

味噌川ダムの建設以前、沢水が豊かに流れているのに、田畑への恒常的な水不足に陥っていた木祖村で建設された重要な三つの用水路建設について触れておこう。

まず第一に諸木原《もろきばら》用水である。一八四四（弘化元）年に荻曽村の農民・仁左衛門が木曽谷の山村代官から美佐川・井樽沢・大本沢・小本沢から水を引く許可を得て、諸木原へ導水する計画を立てた。仁左衛門は村人たちとともに、現代の水準器の代わりにメンパ（木でできた弁当箱）に水を入れて用水路の勾配を計り、用水路の水漏れ防止には赤土を締め固めて使用した。また、岩盤を掘るために飛騨から川普請や新田開発などの仕事に従事した腕のよい黒鍬《くろくわ》職人を招き、井樽沢に木製の樋《とい》を掛けて通水した。

山肌を流れる大原井水

一八四七年には善光寺大地震で用水が破壊されたものの、それにも屈せず用水路建設は継続された。しかし一八四八年に、当時四二歳であった仁左衛門が病に倒れ、人びとの願いも空しくこの世を去った。村人たちは仁左衛門の突然の死に胸を痛めたが、その志を受け継ぎ、力をあわせて、一八五三（嘉永六）年、ついに諸木原へ水を引くことに成功した。

一五〇年前につくられたこの用水路は、一九八九年の水路改修によって、「大せぎ」「かじやせぎ」と呼ばれる用水路とともにひとつにまとめられ、味噌川ダムから取水する味噌川用水路となった。

第二の用水路は、水不足地帯であった旧薮原集落の翁像と藁原の二地区へ導水する金山井水《いすい》である。井水とは用水路のことであり、二回の工事が金山井水でおこなわれた。

第一期工事は、農民・青山勘七が水路を開削して開田する計画を村人に提案した。一八五三（嘉永六）年七月に工事を開始して一八五四年四月、取水口を字金山に設け、深山沢に至る長さ約二二〇〇メートルの水路が完成した。この水路完成によって、不毛であった荒地が美田となった。

第二期工事は、一八七〇（明治三）年に木祖村に赴任した役人の尾張藩士・土屋惣蔵がおこなった。土屋は、第一期工事で完成した金山井水をさらに延長して開田する計画をたてた。二月に工事を開始、早くも四月には工事が完了した。この工事で、水路長は約三三〇〇メートルとなり、豊かな灌漑用水を用い、約一二ヘクタールが開田された。

第三は大原井水である。一八六五（慶応元）年の冬に笹川上流の細島に取水口を設け、神出に達する三九〇〇メートルの大原井水が完成した。この用水路は、一八七六年一一月に岩鼻区間二二五メートルを隧道《ずいどう》で、一八九〇年一一月には崩沢でも隧道七二メートルを完成させた。この両隧道工事によって、開田面積は約一〇ヘクタールとなった。

このように木祖村の人びとは、段丘上の荒地に灌漑用水を導水して、限られた土地を開田してきたのである。

**味噌川ダム建設へ**

一九六八（昭和四三）年一〇月、木曽川水系水資源開発基本計画が決定され、一九七一年四月から、木祖村で味噌川ダム建設予備調査が開始された。

味噌川ダムの建設で水没する地域は木祖村一村であった。ダム建設などに関係する用地約二七五ヘクタールのうち、九二パーセントにあたる総計二五三ヘクタールが国有林・組合有林・村有林・民間有林であった。ダムサイト周辺の土地は小木曽林野利用農業協同組合の所有で、同組合員はほとんど小木曽地区住民で構成され、水没地域の約半分が同組合の所有地であり、個人所有の土地は極めて少なかった。

一九七三年に制定された「水源地域対策特別措置法（水特法）」は、ダム建設にともなう水没関係住民の生活改善対策や水源地域対策について、「水没戸数三〇戸以上、水没農地三〇ヘクタール以上」を基準に、いろいろな行政上の優遇措置が可能となる法律である。ところが、木祖村ではもともと農地が少なく、水没家屋も農地もない味噌川ダム建設に、この法律は適用されなかった。

満々と水を湛えた味噌川ダム

また、「水特法」を補う細かな水源地域対策制度として、一九七七年に、財団法人木曽三川水源地域対策基金（木曽三川基金）が設立されていたが、長野県は信濃川水系、天竜川水系を抱えており、木曽三川だけを対象としたこの基金には参画しておらず、この基金の適用も受けられなかった。

木祖村の祖先たちは、水なくしては生活できないことを知っていた。安政年代（一八五四～一八六〇）に鉢盛山北側の松本領が、味噌川の水を松本側へ通水する新田開発を計画した。この計画を知った小木曽地区の全住民二二〇人は、一八五七（安政四）年、通水計画に反対する「議定連判帳」を提出し、そのなかに「水は生活から切り離せない」と書いている。

先祖伝来の土地がダム湖に沈み、生活の場をやむをえずほかに求めた水没地域の人びとには、どのような補償を受けても納得できない心情は残り、頭では下流域への恩恵のためにふるさとを去らねばならない必要性を理解しても、多くの悩みや悲しみがあったはずである。ましてや、味噌川ダム建設のように、誰一人として補償を受けることなく、ただ下流域への安定的な水供給が優先された場合はなおさらだろう。味噌川ダム建設では、村人たちから下流域の住民へ「そうも水がほしければ、濃尾平野に池を掘れ」などと極端な意見も出たほどである。

### 建設の補償——尾張藩方式

「木一本に首一つ」という過酷な森林政策をおこなった尾張藩は、村人たちの生活の糧である樹木の伐採を禁止し、耕地面積の少ない木曽は常に米不足に陥っていた。そこで、木材収入を得ていた尾張藩は、木材管理の見返りに毎年一万石の米を木曽一一宿に貸し、宿は金で返済していた。なお、一石は二・五俵で、一俵は買値で現在一・五万円程度であるから、一石は約三・七万円となり、一万石は三億七〇〇〇万円に相当する。

味噌川ダム建設は、尾張藩へ供給していた「木材」が濃尾地方へ供給する「水」に代わるもので、ダム建設は水源地・木祖村に何ひとつ利益をもたらさなかった。そこで木祖村は、いわば「尾張藩方式」で下流の受益県や市に対し、水源地域への地域振興対策事業を強く要望した。

一九七九年五月二四日の「中日新聞」夕刊に、「味噌川ダム建設で合意　見返りは江戸時代の『御料林方式』木祖村の提案で一挙に」と、大きく見出しが躍った。

味噌川ダム建設で合意
見返りは江戸時代の「御料林方式」
木祖村の提案で一挙に
愛知・長野
62年度完成めさす

味噌川ダム建設を伝える記事

一九七九年に、水源の長野県と下流受益地である岐阜県、愛知県、名古屋市、事業計画側の建設省（現国土交通省）と水資源開発公団（現水資源機構）名古屋支社が集まり、「味噌川ダム連絡協議会」が発足した。長野県はこの協議会に協力して、味噌川ダムの地域振興対策を「木曽三川基金」の援助を受けておこなうことになった。この決定で、下流に水を分け与えるほど豊富な水量をもつ木祖村に、皮肉にもこの基金によってようやく「簡易水道」が完備されることになった。

木祖村が提案した「尾張藩方式」の採用で、一挙に味噌川ダム建設は前進した。なおこの「尾張藩方式」の思想は、上・下流域で利害が相反する水開発・利用問題に対して、新しい責任分担のあり方を示したものである。

**試験湛水の水が渇水を救う**

諏訪湖とほぼ同じ九〇〇〇万立方メートルを貯水する味噌川ダムは、一九九三年一二月から、建設したダム本体や放流施設が計画どおりに作動するか試験するための試験湛水を始めた。

一九九四年は全国的な渇水であった。知多半島は五〇年来の大干ばつに見舞われ、八月には中部地区の水甕《みずがめ》である牧尾・岩屋・阿木川ダムの貯水池は完全に湖底をさらけ出した。そのころ味噌川ダムは、設計どおりの強度が確保され、各施設が安全に動作するか試験するために貯水池に湛水する試験湛水中であった。ところがこの渇水騒動である。味噌川ダムは下流域に水を供給するため、八か月かけて貯留した水を、八月五日から緊急放流として毎秒約四立方メートルを一三日間、貯水容量にしてナゴヤドームの二・五倍もの水を放流した。この放流量は約一〇〇〇万人分の水道使用量に相当したが、下流住民はこの味噌川ダムからの放流についてはほとんど知らなかった。

味噌川ダムではこの放流によって試験湛水が遅れ、完成が一年遅れることになった。この完成の遅れで、木祖村の税収も一年遅れることとなったのである。

味噌川ダム完成による功績をあえて二つ挙げると、①愛知用水が木曽川から取水する水量のうち、毎年水利権者に同意をとる必要があった暫定水利権の水量が正規の水利権となり、愛知用水の水利権が確保されたこと、②下流域の都市が水源基金を設立、その基金から生じた利息が水源地の森林の下草刈や林道建設に役立てられたことだろう。

現在木祖村は、「木曽川源流の里づくり」を目標に、額縁生産による日曜画家の村、水木沢天然林での森林浴、太平あやめ池周辺の散策、ダム建設に関連して整備されたこだまの森でのアウトドア体験や、やぶはら高原でのスキーと、四季を通じて都会生活に疲れた人びとの心を癒してくれる場所となっている。

## 【コラム】水神《すいじん》さま

水は生活に欠かすことができないものである。川や沢さらに湧水地が涸れたり濁ったりすることがないよう、また水による災いが人びとを襲わないように、大切な水源地や水辺には古くから水神が祀られてきた。

この水神を大きく分類すると、①日常の生活用水つまり洗い場、水汲み場、集落の引用水の湧き出る泉などに祀られる水神と、②水田の近くや河川や灌漑用水路の側に祀られる水神とに分けられる。

石に「水神」と素朴に刻んである水神碑を見かけるが、ときには、『古事記』に出てくる水神の名前が刻んであるものもある。

『古事記』に出てくる代表的な水の神は、伊耶那美命《いざなみのみこと》から生まれた「弥都波能売神《みつはのめのかみ》」（『日本書紀』では「罔象女《みつはのめ》」）である。また、伊耶那岐命《いざなぎのみこと》の息子である須佐乃男命《すさのおのみこと》自身が、荒ぶる暴風雨と農業の神であり、その子孫に、深淵の水を送り出す運行の神「深淵乃水夜礼花神《ふかぶちのみづやれはなのかみ》」、天上界の水路を司る神「天乃都度知泥神《あめのつどへちねのかみ》」、大洪水の神

「淤美豆奴神《おみづぬのかみ》」などが現れている。さらに姉である天照大御神《あまてらすおおみかみ》が須佐乃男命の剣を天の井戸で洗い清めた後にかみ砕いて生まれた宗像《むなかた》三女神も水の神様である。古来より実に多くの水の神様が水にかかわる人びとの暮らしを守ってきた。

木曽川沿いにも多くの水神が祀られている。ところが、木曽川の扇状地開始点、つまり扇頂・犬山の少し下流からは石の水神碑がめっきり減り、木製の祠《ほこら》の中に祀られた水神が増えてくる。扇状地では、水神碑に使用できる形《かたち》のよい大きな石が手に入りにくくなるためだろうか。

さて、木曽川源流の村・木祖村には三〇体の水神が祀られており、これらの水神は飲用水にまつわる性格によるものが大部分を占めている。

水神三〇体のうち、二〇体が薮原地区に祀られ、この地区が飲用水にも困ったことを物語っている。

下村の湧き水と側に建つ水神二基

一八四三（天保一四）年の「中山道宿村大概帳」の薮原地区の項に、①この宿無高にて田畑少々田方用水は「くつ沢」「こあん沢」見山より引き取り、流末は木曽川に落ちる。②宿内飲水は沢水並びに堀井を用ゆ、と記されている。

薮原地区に次いで七体の水神が祀られている小木曽地区は、五体が笹川に面した下村に、他の二体は山側の上村に建立されている。上村の「池の上水神」と「松葉水神」は、ともに湧水口《ゆうすいぐち》に祀られている。この湧水は、飲用とわずかな面積の水田を潤すために用いられたものである。

湧水地以外にはあまり満足な水源をもたなかった木祖村は、わずかな水を飲用と水田用に共用していた村であり、灌漑用水路を敷設して荒地を開田することを強く望んできた村であった。

# 5　牧尾ダムと愛知用水の効用

二〇〇一年、長野県に田中康夫知事が誕生した。知事は新任早々「脱ダム」を宣言、進められていたダム工事は凍結され、計画されていたものは見直されることになった。このため長野県は河川の治水・利水のあり方で賛否両論大揺れとなった。

ダムは発電、洪水制御、灌漑や工業用水、上水道の安定供給などのためにつくられる。しかし、ダムの建設は多くの場合幽谷絶景の地につくられるので、自然や景観の破壊につながり、またときには住民が強制的に立ち退きを強いられるなど、多大な犠牲を払わなければならない。ここでは、水不足に苦しんできた知多半島へ給水をおこなった牧尾ダムと愛知用水について触れよう。

## 愛知用水の源・牧尾ダム

愛知用水は地理的には岐阜県八百津町で木曽川から取水し、全長約一一二キロの幹線水路と約一一三五キロの支線水路からなり、延々濃尾平野を経て知多半島を貫通し、さらに海を渡って篠島《しのじま》、佐久島まで安定した上水道が設置されることになった。この間沿岸の田畑を潤し、臨海工業地帯に工業用水を供給している。こうした利水の源は、木曽川上流の王滝川に建設された牧尾ダムに発しているのである。

牧尾ダムは、木曽郡三岳《みたけ》村と王滝村にまたがる牧尾地区に一九五八（昭和三三）年に着工され、一九六一年に完成した。ダムの規模は高さ一〇六メートル、堤長二六〇メートル、発電量は三五万五〇〇キロワット、総貯水

空から見た牧尾ダム（『水資源開発公団 20 年史』から）

量は七五〇〇万トンのロックフィルダムである。

ダム建設以前の王滝川は、氷ヶ瀬、鞍馬峡など奇岩、巨岩、深淵が続く名だたる渓谷景勝の地であったが、鞍馬峡は湖底に没した。

牧尾ダム建設で水没した王滝・三岳両村の面積の五〇パーセントは国有林で、農地はわずかに一パーセント強の耕作地に恵まれない村であったが、王滝村一四一戸、三岳村四三戸が水没家屋となり、両村で一四〇戸が村外へ移住した。移住先は豊橋・愛知県西加茂郡三好《みよし》町・中津川・松本・上伊那郡をはじめ遠くは東京へも移住している。幸運にも、三岳村から三好町へ移住した人びとは、愛知用水から水を供給され、水田を主体とした果樹（柿、ぶどう）、スイカなどを栽培して成功していると、伝え聞いている。現在、三好町と三岳村は友好関係を結び、町村民の友好親善がおこなわれている。

## 待ちに待った愛知用水の完成

「知多の豊年米くわず」といわれてきた。知多地域が豊年になるほど雨が降ると、他の地域は雨が多すぎて米が不作になるという意味で、大きな川もなくまた地下水にも恵まれない台地状の知多半島の水不足をいまに伝える言葉である。

知多半島の人びとは、干ばつや飲み水の不足に長年苦しんできた。一九四七（昭和二二）年にまたもや大干ばつが襲った。

水を運ぶ女性（佐布里池の「水の生活館」内の人形を参考）

「木曽の水があったら……」と、大正初期に人々に説いた知多郡富貴村（現武豊町）の森田萬右衛門の夢物語が、農家の久野庄太郎《しょうたろう》に引き継がれ、「木曽川の水を知多半島へ持ってくる」運動を開始した。名古屋陸軍幼年学校の教官だったころに干ばつの凄さをまのあたりにし、木曽川から用水路を引くしかないと考えていた高校教師の浜島辰雄《たつお》もすぐにその運動に参加した。二人で三か月を費やして水源から半島全土を歩き回り、愛知用水の計画図をつくりあげた。この計画図をもとに、偉大なる第一歩となった「愛知用水期成会」が一市二五町村の代表者たちで結成された。久野は先祖伝来の土地を売り、浜島は学校を辞職して用水建設に努力している姿が、地域の人びとに伝わり、行政側ではなく住民側の熱心な働きかけで愛知用水が建設されることになったのである。

この用水のおもな受益地帯である知多半島一帯には、小さな溜池がおよそ一万三〇〇〇個も点在し、貯水はすべて雨水に頼っていた。人びとは畑のそばの野井戸から跳釣瓶《はねつるべ》で田畑に水を汲みあげたり、天秤棒を通して肩にかける「荷《に》ない桶《おけ》」で水を運び、男は田一反（約一〇〇〇平方メートル）に平均三〇〇〇杯の水をまき、女は家に飲み水を運ぶ生活であった。

長い間夢に見た愛知用水事業は、農業用水・工業用水・水道用水・発電の四つの目的をもつ、わが国初の大規模総合開発事業であった。用水建設は、一九五七年に木曽川総合開発計画の一環として始まり、総工費四二二億円の一部は世界銀行から借りた。一九六一年九月三〇日に通水が開始され、知多半島は灌漑の恵みに浴する地域になった。

愛知用水計画は、当初、食料増産を基本柱としてうちたてられたが、たんに農業用水の供給だけが目的ではなく、地域総合開発の一面ももっていた。つまり、ダム付近に建設した発電所での発電、ダム貯水池からの放流で下流の発電所の発電能力を増加させること、さらに濃尾平野下流域の工業用水と上水を供給することを含んでいたのである。

## 用水による恩恵

愛知用水は、久野たちが計画した木曽川中流部の岐阜県可児郡八百津町で取水され、濃尾平野三万三〇〇〇ヘクタールの水田と畑を潅漑し、臨海工業地帯へは年間二七〇〇万トンと、じつにナゴヤドーム二一杯以上の工業用水を供給し、名古屋市守山区、瀬戸市、半田市、篠島などに飲料水を安定供給している。

兼山取水口で取水した水は、東郷ダム調整池（愛知県日進市東郷、以後は愛知池と記述する）に導入されている。愛知池からの水は、一九六一（昭和三六）年に完成した上野浄水場（愛知県大府市）とその四年後に完成した知多浄水場（愛知県知多市）できれいな水となり、水道・工業用水となって知多半島一帯さらに篠島・日間賀島《ひまがじま》・佐久島まで供給されている。

知多半島の中部と北部地帯の水質は、鉄分を多く含む「そぶ」と呼ばれる悪水で、半島突端の師崎町《もろざき》では塩分を含んだ白い濁り水・「ハマグリ水」がようやく出る程度であった。さらに、離島では井戸を掘っても赤水しか出ず、「死ぬ前に一度でいいから真水《まみず》を飲みたい」というお年寄りがいたほどである。

篠島は坂の多い島である。水道が引かれる前までは、「水汲みのできない女に島の嫁はつとまらない」といわれた。

佐布里池

それほど水汲みは主婦の大切な仕事であった。常滑焼きの甕《かめ》が各家庭に二つ準備されていた。ひとつは雑用水用の甕で、もうひとつが飲料水用の甕である。この甕には、島で唯一きれいな水が出る「帝井《みかどい》」から汲んだ水を貯《た》め、大切に使用していた。帝井は一四世紀初頭に後醍醐天皇の息子・義良《のりなが》親王が島に漂着した際、島民が探して掘ったと伝わっているが、愛知用水が島に引かれて、いまは大切に保存される井戸となった。

計画当初の愛知用水の水利用は、農業用水を主体として考えられていたが、完成後の農民の受益者負担金問題の深刻さを考慮し、名古屋南部工業地帯誘致が発案され、一九六五年に知多浄水場近くに貯留能力五〇〇万トンの佐布里《そうり》池が建設された。これによって世界に冠たる臨海コンビナートの立地が可能になり、日本経済の復興に大きく貢献することになった。約一〇年後には、名古屋市南部地区や南部臨海工業地帯の工業用水の需要量増加に対処して、東郷浄水場が完成した。

他に工業用水、水道用水および発電の目的をもっていたが、著しい受益地帯の工業化および都市化のために、現在では工業用水と水道用水への依存度が高くなってきている。

用水が完成した直後の一九六三年度の年間使用水量では、農業用水が六五パーセントを占め、都市用水は三五パーセントであったが、一九九九年度では、農業用水が二五パーセントに減少し、都市用水が七五パーセントと完全に逆転している。

さらに、愛知用水通水によって、名古屋市南部や名古屋南部臨海工業地帯への企業の進出は著しく、一九六三年度の愛知用水関係市町村（名古屋市は港区と南区）の製造品出荷額約三二五九億円が、九九年度には約一二倍の三兆八六五〇億円と驚異的に発展している。

工業用水の給水量は、三〇年間でほぼ一〇倍となり、全体の六割近くを占めている。この用水を無駄なく利用するために、水を多量に使用する製鉄関係では、製鉄の一時水回収率はじつに九〇パーセントときわめて高い。また、重工業だけではなく、江戸時代から続く半田の醸造業や東海市の清涼飲料水なども用水の恩恵を受け、近代的に発展している。

久野庄太郎とともに愛知用水建設に人生をかけた浜島は、まだまだ元気盛んで、「用水を皆で守り、木曽川への感謝を忘れてはいけない」と、知多半島の人びとに言い続けている。

## 【コラム】節水について

資源の乏しいわが国において、水は比較的潤沢に得られる資源である。しかし、近年この水資源の不足が識者の間で心配されている。良質の水とは、科学的にあるいは生理的にきれいな水を指すばかりでなく、年間を通じて使用できる水量が安定して供給される水が、有用で良質な水資源である。

この視点からは、わが国の水資源は富むとはいえない。梅雨期や台風期に大量の水量がもたらされるが、その大部分はなんら利用されることなく海洋に流下している。とくに春先からの降水量の減少は、主要な農産物である米への影響が懸念される。このことは愛知用水においても例外ではなく、近年愛知用水のたび重なる春先からの節水は、農業関係者を不安にさせている。

一九九四年八月五日に木曽川水系の水源ダムが完全に枯渇した。知多半島は五〇年来の大干ばつに見舞われ

# 愛知の断水きょう解除

## 20市町 節水意識向上で

最長十二時間断水を実施している愛知用水受水地域の愛知県・知多半島や尾張東部などの十一市九町は三十日、これまで続けてきた断水を三十一日朝で終了させ、全面解除することを決めた。木曽川水系緊急水利調整協議会の幹事会が三十日、水源ダムが枯渇した東海三県の愛知用水などの節水（給水制限）率を九月一日以降、上水道だけ二〇%下げ、三〇%と決めたことを受けた。早い地域では十七日から始まった断水は二週間ぶりに解除される。これらの断水で、約四十万世帯百二十万人が影響を受けた。（関連記事②⑳面に）

●今日の断水（■＝断水時間）31日午前6時（以後断水解除）

| 地域 | 断水時間 |
|---|---|
| 半田市、常滑市、大府市、東海市、知多市、東浦町、阿久比町、武豊町、美浜町、南知多町 | 9時 |
| 刈谷市 | 6時 |
| 高浜市 | 5時 |
| 瀬戸市 | 9時 |
| 尾張旭市 | 9時 |
| 豊明市、東郷町、日進町、長久手町、三好町 | 9時 |
| 高蔵寺ニュータウン（春日井市） | 9時 |

解説 水利調整システム確立急務

断水解除を伝える記事

たのである。この水不足は農業だけでなく工業生産にも大きな影響を与え、蛇口をひねると水が出る生活に慣れた人びとに衝撃を与えた。日増しに、「木曽川にはいまも多量の水が流れている!」「なぜ流れている水を取ることができないのか!」と、いらだった声が新聞やテレビでも紹介された。

先に述べたように、味噌川ダムから愛知用水への緊急放流が八月五日から一三日間おこなわれ、味噌川貯水池の水は完全に枯渇した。この事実を知らない人びとは、緊急放流水がなくなった八月一七日から、突如知多半島で、午後四時から九時までの五時間だけ給水される一九時間断水が開始されたことに驚いた。二一日からは一二時間断水に変更されたものの、水に苦労する生活は変わらなかった。

断水騒動の最中の八月三一日の「中日新聞」朝刊に、「愛知の断水きょう解除　二〇市町節水意識向上で」の大見出しが載った。雨が水源地に降ったわけでもないのに、二週間以上の断水が突如解除されたのである。

この断水解除は木曽川から取水している農業用水を愛知用水に転用したおかげである。木曽川から農業用水を先祖代々取水している各用水の土地改良区は、三日給水六日断水する節水率四五パーセントを自主的におこなっていた。八月二〇日には各土地改良区の代表が相談して、この節水率を六〇パーセントに引き上げ、農業用水を愛知用水に転用することを決めた。この転用で、一九時間断水が一二時間断水へと少し緩和されたのである。さらに、三一日からは土地改良区が全面的に愛知用水に水を転用したのである。

「優先劣後」という言葉がある。すでに取水している地点より上流に取水施設を建設する際、新たに取水する団体は下流の取水する権利を侵してはならないのである。まさに愛知用水の場合がこれにあたり、江戸時代から木曽川下流では宮田用水や木津《こっつ》用水などが農業用水を取水し、また既設の発電所も稼動しており、新たにできた上流の兼山の愛知用水取水口ではこれら用水の取水権利を侵すことはできない。したがって、今渡地点での流水量が毎秒一〇〇立方メートルを下回ったら、木曽川の水は愛知用水に取水できない取り決めである。

愛知用水は上流にできた味噌川ダムのおかげで、ようやく用水の水利権をすべて取得した。しかし、一九九四年のような渇水になれば、水そのものが不足するので取水制限をせざるをえない。「水はただ」ではない。飲み水を水洗トイレの水に使用することを止め、そろそろ工場だけではなく、各公共施設や家庭でも「水の循環システム」を考える時代だろう。

また、降雨を積極的に利用する考えもある。最近多くの市町村が、「雨水貯留施設」設置に補助金を出している。この施設は、降雨を各家庭や学校などで貯留して、河川への流出量を減らし河川の氾濫を防ぐ。さらに貯留した雨水をトイレや庭木への散水などの雑用水に使用する貯留施設である。たとえば名古屋ドームでは、年間降雨量の六四パーセントをドームの屋根で受け止め、ドームで雑用水として使用する水の四三パーセントに相当する約三六〇〇トンをまかなっている。

ここで、一九七三年度から二〇〇〇年度までの愛知用水の節水状況をみると、一九八四年度の二四六日間が最高で、一九九七年度の七日間が最低節水日数になっている。ほぼ年平均九〇日の恒常的な節水がおこなわれてきた。

このような現状をふまえて、「渇而穿井」（渇《かっ》して井を穿《うが》つ）とならないように、すべての人が水の使用について考える時代になっている。

# 第9景

# 川が育む祭りと信仰

# 1　日本一の川祭り──津島天王祭り

いまから二〇年ばかり前の七月のある日、海部《あま》郡弥富町荷之上《にのうえ》の服部家を訪問しようとしたところ、門前の白壁に貼られた「不浄《ふじょう》の者　入るべからず」の張り紙に驚き、訪れることを断念して帰った覚えがある。

これは津島祭りの市江車《いちえぐるま》の車屋を務める服部家の人が、清浄な暮らしをしながら祭りを迎えるため、穢《けが》れのある一般人との接触を極力避けるためだろう。

服部家では、祭りの二週間前から火打ち石で熾《おこ》した火種で料理をつくる。たとえば、市販のお茶は製造過程で他の火を使用しているというので、服部家では火打ち石の火で自家製の麦を炒って麦茶をつくって飲用するなど、厳しく精進潔斎《しょうじんけっさい》をして祭りを迎えている。後日の話では、現一三代目当主服部通也が、「不浄の者」の意味は、お通夜やお葬式に行った人、さらに現在こんなことをいうと怒られてしまうがと恐縮しつつ、月の障《さわ》りになっている女性を指していると語っていた。

津島祭りは、全国一の川祭りであるといわれる。それは、昔からの伝統・儀式・神事・祭事が時流に崩れることなく守られ、作法どおりにおこなわれているからである。祭事が催される津島神社側も氏子側もさらには一般民衆さえも、この伝統を護りつづけ、さらに川や人心の清浄さを護りつづけて今日に至っているのである。

**津島と津島神社**

もともと津島の町は、木曽川の支流である佐屋川（本流を守る鞘《さや》の役目を果す川の意）に沿った港町であった。

昔は大量の物資が海から船で運ばれ、尾張西部の村々へ入りこむ重要な拠点であった。
津島に隣接する勝幡《かつはた》城（愛知県佐織町勝幡）出身の織田信長は、津島神社を氏神と仰ぎ、天王祭りを二度も見学している。秀吉は、現在重要文化財に指定される津島神社の楼門《ろうもん》を寄進し、徳川家康は市江車（服部家が主催する船）に小袖を、初代尾張藩主の徳川義直（家康の九男）は津島五か村の巻藁船《まきわらぶね》五車に楽太鼓と小袖を与えるなど、各時代の武将がこの町を重視してきた。

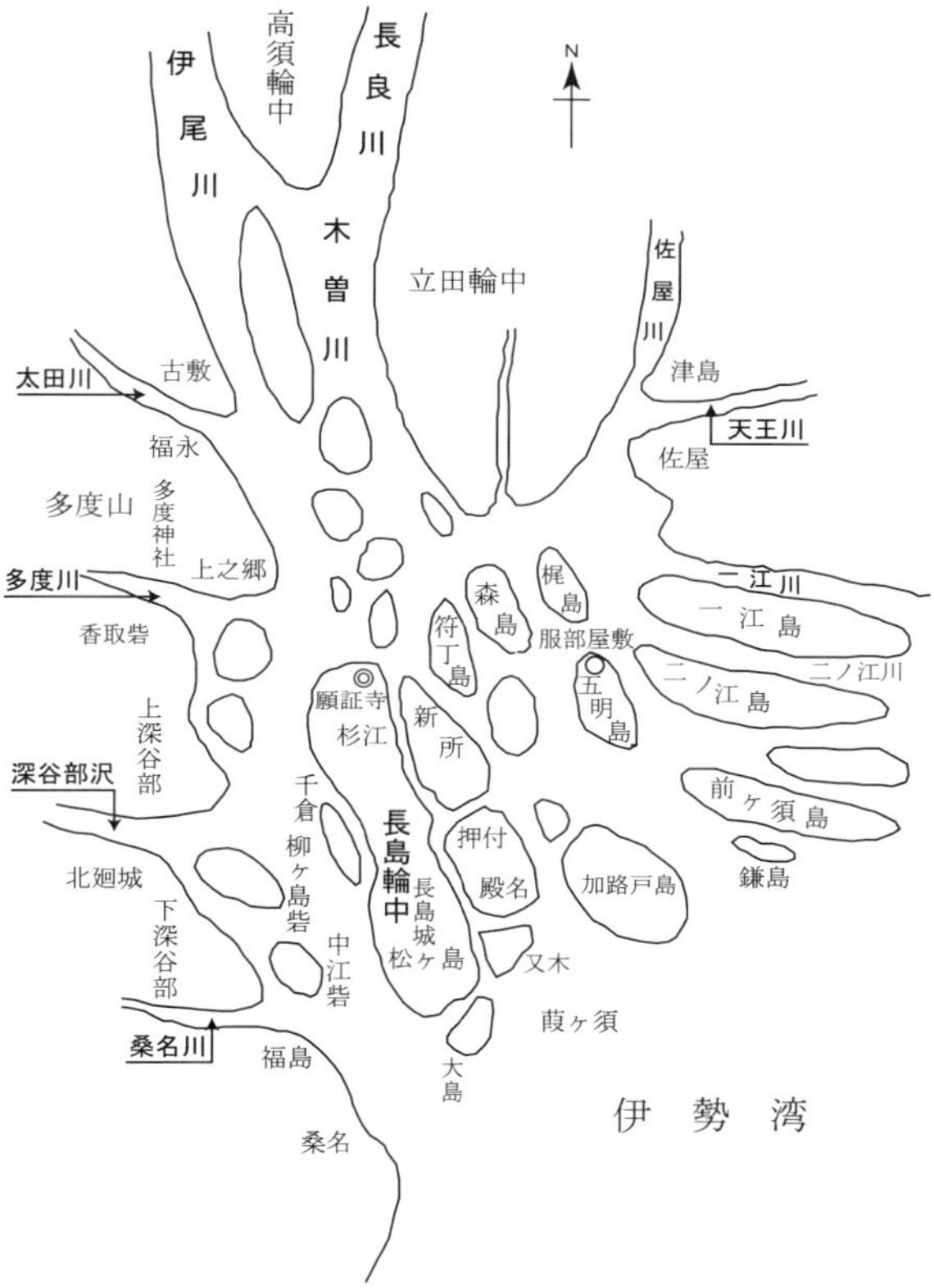

1574（天正 2）年ごろの長島地域推定図

この地に古来鎮座する津島神社は、神仏習合の面影を濃く残し、出雲系の民族（素盞嗚尊《すさのおのみこと》系統）の神として、牛頭《ごず》天王を祀っている。牛頭天王は、祇園精舎の守護神とも、また薬師如来が人びと救済のために日本古来の神の姿をかりて現れた垂迹《すいじゃく》ともいわれ、頭上に牛の頭を持つ忿怒相《ふんぬそう》の神である。

後醍醐天皇（一二八八〜一三三九）の血筋をひく南朝系の皇族・尹良《ゆきよし》親王が信濃の戦に敗れ、その子良王《よしたか》親王が津島武士（四家七党）の人びとに温く迎えられてこの地に定住したといわれている。津島武士は、初期のころ、大隅台尻守《おおすみだいじりのかみ》という大豪族を佐屋川の合戦で破り、それ以来津島武士の団結はいよいよ強く、それぞれに繁栄しつつ川祭りと結んで、その子孫は今日にまで至っているという。

四家七党と津島天王祭りとの関わりは、それぞれ異なる伝承が伝わっているものの、一四三五（永享七）年に市江車と津島五車の車楽《だんじり》が再興されたことがきっかけである。その四家とは大橋・岡本・恒川・山川家であり、七党は堀田・平野・服部・河村・鈴木・真野・光賀家である。市江車の由来記を記した「市江祭記」には、一五七六（天正四）年に宇佐美・佐藤・伊藤・服部の四家が市江車を再興したと記されている。

### 宵祭りと朝祭り

神事は祭りの一か月前の六月からおこなわれているが、われわれ一般民衆が目にする川祭りは、宵祭りと朝祭りである。

宵祭りは、筏場（現津島市筏場町）、今市場（現津島市今市場町）・下構《しもがまえ》・堤下《とうげ》・米之座（現津島市米之座町）の津島五か村から巻藁《まきわら》船が出て、現在は七月第四土曜日におこなわれ、夏の夜空に浮んだ三六五（閏年は三六六）個の提灯が丸く山形に飾られる。その上にはまっすぐに立てられた柱に月の数（一二個で閏年は一三個）を表す提灯が巻きつけられ、静かに川面を照らしつつ神社に向っ

朝祭りの市江車、中央に「葵のご紋」が見える（『愛知県史民俗調査報告 4』から）

て進む。その様子は情趣豊かで、古来いくつかの屏風に描かれ、大英博物館にもそのひとつが所蔵されている。

朝祭りは宵祭りの翌朝おこなわれ、宵祭りの五艘の車楽船《だんじり》に加えて、市江車が先頭を進む。車楽の準備・作業をとりおこなう祝司《しゅくじ》役を務めるのが、前に述べた服部家一門の人びとなのである。

天王川公園の奥にある入り江状になっている車河戸《くるまごうど》から静かに漕ぎ出された市江車には、旧市江村西保（現佐屋町西保）の一〇人の下帯姿の青年たちが乗り、青竹の先端に菱形の鉾をつけ、横に渡した小竹に布を巻きつけた神鉾を持って、船が中ノ島を過ぎるころに川に飛び込む。そして、神社まで走り、三番目の鉾持ちの若者が楼門前の石橋に張られた注連縄《しめなわ》を切るのである。

華麗で典雅な巻藁船、絢爛豪華な車楽船と市江車とともに、津島天王祭りは全国に知られた川祭りの精華として、木曽川下流域の川文化を代表する神事となっている。

## 【コラム】天王祭りのルーツは輪中の葦山《よし》にあり——津島天王祭り異聞

津島神社でおこなわれる天王祭りの起源は、南北朝時代（一三三六〜一三九四）に南朝方の良王《よしたか》親王が北朝方の武士を舟遊びに誘い、討ち取ったことに始まるとか、人びとの罪や穢《けが》れを葦《よし》に託し、川中に流す神事「御葦流し」に始まるとかいわれているが、その真偽のほどは明らかでない。

一七〇〇（元禄一三）年、長島藩主松平忠充の家臣小寺五郎左衛門が記した『長島記』に、「そもそも津島神社は、今土民は海東郡と称しているが、『延喜式神名帳』に記すところでは、尾州海西郡津島神社云々《うんぬん》とある。こうした記述から、海東、海西は海部《あま》の一郡であることがわかる。然《しか》るに木曽川の流れは江や海に入って、かたまって島となり、葦《よし》が生え、後世に及んで、頗《すこぶ》る新開地となり、百姓がこれに居住したので、郡内甚《はなは》だ広く、

葦と葦船

ここで早尾川《はやおがわ》より一江川《いちえがわ》までを分境して、東北を海部東郡、西南を海部西郡と言ったのを後の人は略して言ったのであろうか」と記されている。

　つまり、現在の海部郡および木曽三川下流域は、「葦が生え」とあるようにたくさんの葦が生え、いわゆる葦山《よしやま》があちらこちらにあったものと思われる。

　また、この『長島記』の続編である『勢州長島記付録』には、「然《しか》るに忠吉公（家康の息子で松平忠吉）入国の年に、直ちに津島の神事をご覧になり、時に傍らの人に語るには、今はかかるところより来る船で、その所以《ゆえん》は如何《いかが》か。曰《いわ》く、祭祀は最初一江島（現弥富町）の牧童が、草や牛馬を飼う草・蘋《うきくさ》（水草の名）を船に積み、家に帰る時、鎌を鳴らし、牧笛を吹き、鼓ではやし舞った。津島神事と称するのは、是がその本縁であり、今に至っている。時に、その祭祀はもっとも厳重である。この故を以って一江島祭船は前渡しと号したのである云々。そこで言うには、一江島はまた領国内か。長島領と言うなり」と、記している。

　これらのことから津島神社でおこなわれる天王祭りは、もともとは長島（現三重県桑名郡長島町）と関わりの深い祭りであり、この祭りが始められたころは、木曽三川には、小さな島のような砂洲《さす》が下流域に形成されており、たくさんの葦山などもあり、これらの葦は近年まで葦津《よしづ》としての使用はもちろん屋根材や、場合によっては燃料としても用いられていた。

　この貴重な葦を運ぶには、舟が用いられた。現在ではこの地方にあった川の多くは、廃川になっているが、当時は流れがあり、また複数の河川が合流するとき、各川の高低差から複雑な流れも生じ、河口の一江から津島まで舟で行くには、現在とは比較にならないような苦労があったと思われる。このような流れのなかを囃子《はやし》で元気づけ、葦を奉納したのが当時の祭りの起源であったと考えられる。

天王祭りのルーツは輪中の葦山にあるといえるのではなかろうか。

## 2 服部家と天王祭り

住民の約九〇パーセントが服部姓である愛知県海部郡弥富町大字荷之上《にのうえ》に、一五七六（天正四）年に建てられた服部家がある。服部家は、掘割に囲まれた東西五〇メートル、南北約六〇メートルの宅地とともに、表門（長屋門）・母屋・離れ座敷・邸内の文庫蔵など、すべてが国の重要文化財に指定されている。

### 服部家の由来と天王祭りへの関わり

服部家の祖先は、南朝の遺臣である服部伊賀守宗純《むねずみ》で、後醍醐天皇の孫尹良《ゆきよし》親王とその子良王《よしたか》親王を奉じた武将の一人であった。なお、服部家と同じ伊賀国服部郷（三重県上野市）の出身者に忍者の服部半蔵がいる。

織田信長（一五三四〜一五八二）は、二回の一向宗門徒への攻撃後、一五七四（天正二）年に長島に総攻撃を開始した。信長はこたみ崎（現立田村福原）へ上陸し、門徒がたてこもっていた長島城や長島周辺の一向宗門徒へ執拗な攻撃をしかけ、戦火は市江島（現弥富町）の村々をも疲弊させ、「市江島以南、猫一匹とて生きるものなし」といわれる荒地となった。

一五七五年、津島祭りを見にきた信長は、三二〇年あまりも続いた車楽船《だんじり》が出ないことを不審に思い、戦で市

服部家の模型（弥富町歴史民俗資料館）

江車の関係者が途絶えたことを知った。そこで、信長は市江車の再興を四家に命じたのである。

四家の宇佐美、佐藤、伊藤、服部家は、戦禍で荒地となった地に家来とともに入植し、農民を集めて開墾に励んだ。この四家の一人、服部弥右衛門尉正友《やうえもんのじょうまさとも》が三〇歳のとき、戦乱が収まるのを待って、一五七六年に旧領地の荷之上に屋敷を設け、この正友が服部家の初代となった。『尾張名所図会　巻七』には、服部家について「服部氏の子孫、市江島の内、荷之上村に居住す。其家は、天正年中に建てしままなりとて、今もその古質を在せり。されば、故ある旧家にして、毎年六月の祭事をつかさどれり」と、記されている。「毎年六月の祭事」が津島天王祭りのことである。

正友は、津島天王祭りの市江車が長島一向一揆で中断していたのを再興し、これより服部家は天王祭りと深くかかわるようになった。

現在も服部家は昔のままの様式で天王祭りを迎えている。祭りが近づくと、道具蔵から祭り専用の箸、皿などの道具を「荷出し」して、近年砂糖が新たに加わったほかは四〇〇年前と同じ材料で料理をつくる。また、祭り当日の服部家の男性は、風呂に入った後に行水《ぎょうずい》で体を清めるという慣わしがいまも受け継がれている。

ところで、祭りの市江車に載せる人形は、その年の豊作を占う重要な行事で、謡《うたい》二六番（以前は一〇〇番）のなかからおみくじで決めている。一九五九（昭和三四）年のおみくじの際、不思議なことに四〇〇年近くの記録に一度も現れたことがない、裸で片ひざを立てた妖艶な「絵島《えじま》天神」（江戸時代の遊女太夫《たゆう》の次の位の遊女を天神という）が引かれた。関係者は絵島天神の人形をつくるかどうか悩んだすえ、つくった。その年の九月に歴史に残る伊勢湾台風がこの地方を襲ったのである。

## 国の重要文化財・服部家

いまも、歴史の長さをただよわせている服部家をみていこう。江戸時代には、門扉《もんぴ》の左右に供部屋《ともべや》と下男部屋とがあり、その茅葺《かやぶ》き屋根の表門を入ると、左手には一八三九（天保一〇）年につくられた茶室がある。これは、織田信長の末弟・有楽斎《うらくさい》が建てた如庵《じょあん》の流れを汲むものである。

南向き正面の母屋への入り口は、土間《どま》（大戸口）のほかに三か所ある。南正面には駕籠を置く大きな駕籠置石《かごおきいし》と身分の高い人が出入りする式台付きの玄関、その東側に現在も昔と同様に僧侶などが出入りする入り口、などと身分によって出入り口が厳格に区分されている。現当主によると、母屋への入り口は実に七か所もあるそうである。

大戸口から入る「南の間」には、槍や嫁の実家の家紋が付いた長刀《なぎなた》などが天井近くに並んでおり、壁には徳川家の「葵の紋」の付いた箱が二つ掛かり、徳川家との密接な関係をいまに伝えている。

駕籠置石や名古屋城の石がある庭

服部家には徳川家康の小袖が所蔵され、仏教の位牌に相当する尾張徳川家初代藩主義直（一六〇〇〜一六五〇）の儒牌《じゅはい》が服部家の仏壇に安置されている。さらに、尾張徳川家第八代藩主宗勝（現岐阜県海津郡海津町の高須藩三代松平義淳《よしあつ》が徳川宗勝となる）は、誕生してから一〇歳になるまで、服部家第四代弥兵衛定元《やひょうえさだもと》の妹「く乃」によって養育された。

このような関係で、宗勝が幼少のころ植えた椎《しい》の木が母屋の西角にあったが、惜しくも伊勢湾台風の被害で枯れてしまい、いまは根元だけが残っている。なお、母屋から茶室へ向かう途中に何気なく置いてある紋様の付いた石は、名古屋城築城の際に使用した石垣の一部で、服部家に贈られたものである。

服部家は、表門の解体・復元、母屋工事、離れ座敷工事と一九七六年一月から七九年まで、文化庁の指導のもとで往古の復元工事がなされた。

一三代目の現当主の服部通也は、「先祖から受け継いだ貴重な財産であるが、文化財は皆のものなので、座敷や離れを使用してもよろしい」と、重要文化財を維持する苦労を語らず、すべての人にこの貴重な建物を開放している。

## 3　田立の滝への道を開いた男

日本三名瀑は、和歌山県那智勝浦町の那智山中にある落差一三三メートルの那智の滝、栃木県日光市中央部にある中禅寺湖から落差九七メートルで豪快に落下する華厳の滝、そして茨城県北西部にある久慈川《くじがわ》支流の滝川で四段になって落下する袋田《ふくろだ》の滝である。

これらの滝は確かに名瀑と呼ぶにふさわしい規模を誇っているが、木曽郡南木曽町の田立《ただち》の滝は、大滝川に点在する多くの滝の総称で、次から次へと雄大な滝が連なっている様子は、三名瀑にも劣らぬ雄渾さを感じさせる。国道一九号から離れ、「田立の滝」の粒栗《つぼくり》駐車場まで行くと、そこからは登山道になっている。孝行伝説で有名な養老の滝（岐阜県養老町）のように、車ですぐ近くまで行けるのではなく、登山道を足で上らなければならない。登山道は木材で階段状に整備されているが、相当急勾配である。この道の途中から、「螺旋の滝」「洗心滝」「霧ケ滝」「天河滝」「不動滝」「鶴翼滝」「そうめん滝」と、順次趣の異なる滝を見ることができる。川沿いの山肌には鬱蒼と樹木が生い茂っており、一五八二（天正一〇）年に織田信長が伊勢神宮御造営の木材をこの山から切り出したとの言い伝えも肯《うなず》ける。

落差 96 メートルの天河滝

一七二四（享保九）年、尾張藩がこの山で木材伐採をおこなった。その年は、大雨が降り続き、地元の村は難渋し、村人はこれは山霊の祟りだと恐れ、滝に近づくことを禁じ合った。以後この山は、旱魃《かんばつ》の際に村人一同が寄り合い、選ばれた代参の人びとだけが雨乞いのために登ることを許される神聖な場所となった。

第一三代の木曽代官山村良醇《たかあつ》（一七三四～一八〇三）も、田立の滝を一目見ようと入山したが、ひどい雷雨のために引き返したと伝わっている。江戸幕府が崩壊した一八六八（明治元）年ごろには、田立の滝のすばらしさが一般の人びとにも知られてきたが、永く留め山であり、さらに村人にとって神聖な場所であったので、観瀑する登山道などはなかった。

## 登山道に取り組んだ宮川勝次郎

宮川勝次郎は、一八五五（安政二）年に田立村の島田で宮川岩三の長男として生まれた。一八歳になった一八七二年に飯田町（現飯田市）へ行き、数学と測量学および築山造庭法を習得した。さらに、一八八二年から美濃土岐村（現岐阜県土岐市）で素麺製作技術を学び、以後八年間、地元でこの仕事に携わっていた。その後、山野を開墾して果樹園にしたり、原野を開墾して桑園を造成するなど、農業の改良にも情熱を燃やした。後年には、天然氷の採取販売や機械製糸業さらに護岸用コンクリートブロック製造を試みるなど、新しい試みに次々と挑戦していった。

三九歳のころ、人づてに聞いていた田立の滝を見物に行き、その雄大さにすっかり心を奪われた。しかし山は留め山で、人が通る道などなく、雨乞いの際に村人が道なき道を分け入って天河滝へ行っていただけである。

勝次郎は、登山道を開いて多くの人びとに滝のすばらしさを知ってもらおうと考えたが、当時の村人は「滝に上ると雨が降る」「登ると山霊の祟りがある」と信じ、むやみに滝に上ることを禁じていた。そこで、勝次郎は村人に見つからないように山へ入り、大滝川両岸の測量を始めたのであった。

測量結果から登山道をつくることが可能であるとわかると、さっそく飯田町へ行き、「伊那広報」に滝を紹介し、私費で滝の宣伝広告紙を数千枚もつくりあげ、村の内外に配布して、登山道開削の募金活動を始めたのである。

この募金活動を知ると、村人をはじめ勝次郎の親戚も腰を抜かして驚いた。山霊の祟りを恐れる知人や親戚一同は、「そんなことをすると、村八分同然になるぞ」と勝次郎を説き伏せ、ついに登山道開削を断念させてしまった。

しかしその後も勝次郎の心から滝の魅力が消えることはなかった。一九〇八（明治四一）年、勝次郎五三歳のとき、初心忘れがたく、再び登山道開削に挑んだ。父岩三も親戚も迷信を信じて再び反対した。しかし勝次郎の娘だけは父の志を応援し、心強い支持者となってくれた。

勝次郎の娘が家の付近の祠《ほこら》におむすびを隠し、田や畑へ行くふりをした勝次郎は、村人の目のないことを確かめてから、おむすびを持って一人密かに山へ向かった。それでも見つかれば、勝次郎めがけて村人から石が投げられた。山に入るなと怒鳴り声も聞こえた。勝次郎は村人の反対をいつも無視したが、近隣の町村では勝次郎の行動は世迷の沙汰であると噂が立った。

山へ登る勝次郎

滝のすばらしさの虜《とりこ》になった勝次郎には、人びとの嘲笑や非難は苦にならず、ついに、螺旋滝の下の晴天滝と蛍滝付近で梯子を五か所架け、螺旋滝の滝上に出たのである。

一九〇九年ごろ、滝の噂を聞きつけた現恵那郡坂下町の商工業者有志四十数人が村人とともに滝見物に出かけた。見物人たちは足場の悪い登山道と連続する梯子をやっとのことで登りきった。すると、突然眼前にどうどうと流れ落ちる雄渾な滝が現れ、一行は思わず感嘆の声をあげた。それを見た勝次郎は一気に苦労が報われた気になったが、それと同時に、足場が悪く梯子が連続する登山道を改良する必要性も痛感したのであった。

## 登山道建設をめざす開明団結成

翌年の一九一〇（明治四三）年、勝次郎は帝室林野局田立分担区の技師を通じて、帝室林野局に滝登山道建設の支援を求めた。一方、村に対しても村費助成の嘆願をおこなったが、村はこの嘆願を却下した。しかし勝次郎はひるまなかった。

勝次郎は同志を集め、登山道建設の開明団を結成した。「観光開発目的で登山道を開削する。登山道を五年間で造成し、休息所も設ける。一株五円の株は一〇日間の作業役で一口とする」と、開明団の規約もつくり、本格的な登山道の建設に乗り出した。

一九一一年、帝室林野局へ提出した嘆願が採択され、資材と資金を受け取ることができた。すると、この嘆願書採択を契機に、村人からの募金二〇円と坂下商工会からの支援金二〇円も集まり、田立青年会の延べ九二五人の勤労奉仕によって、現在の道とほぼ同じ経路の大滝川右岸の登山道が天河滝まで建設された。さらにこの年の秋から暮れにかけて、村民有志によって岐阜県と長野県の県境にある大滝川源流部・標高一五八〇メートルの準高層湿原帯の「天然公園」まで登山道がつくられた。ここに大滝川に沿った登山道が、ひとまず頂上まで開通したのである。

## 滝の投票で全国一〇位になる

翌年の一九一二（明治四五）年には、長野県は林学博士・本多静六を田立の滝調査に差し向けた。本田の講評の一部を引用すると、「標高一〇〇〇メートルから一二〇〇メートルに位置し、拡大な木曽五木の森林美と相まって風景を発揮、滝の上方には多数の清淵や小滝瀬があり、まさに天下の絶景である」と、惜しみない賛辞であった。この視察以後、滝への登山道開削はいっそう熱を帯びた。

同年八月には、登山道の道幅を約一メートルに改修することになり、翌年の一九一三年に任意団体の開明団は村ぐるみの組織「滝保存会」に改称され、村長が会長に、助役と勝次郎が副会長になった。

ところが、第一次世界大戦の戦争景気も下火になった一九一八年ごろになると、徐々に登山道建設への村人の情熱も冷め、一人去り二人去りして、ついには勝次郎一人が黙々と道づくりを続ける元の状態に戻ってしまった。やがて日ごろの労苦がたたったのか、一九二一年七月一五日、志半ばにして勝次郎は他界した。享年六八歳であった。

勝次郎亡き後、一九二七（昭和二）年三月に大阪毎日新聞社主催による「全国日本百景投票募集」がおこなわれた。滝保存会は村内や近隣町村の協力を得て、郵便葉書による投票に力を尽くした。この努力が実り、日本全国の滝の人気投票で、田立の滝が日本新百景の瀑布の部で一〇位に選ばれた。なお翌年に、これまでの「滝保存会」は「保勝会」と改称され、村人は田立の滝に誇りをもつようになり、人びとは改めて勝次郎の努力に深く感謝したのである。

洗心滝にたたずむ宮川勝次郎（高橋辰巳氏提供）

一九四七年、民選で最初に選ばれた小幡村長は、中央線の田立信号所を田立駅へ昇格させ、田立の滝の玄関口を設けた。これ以降、中央線で田立駅へ直接来ることができるようになり、多くの観光客が田立の滝を訪れるようになった。

宮川勝次郎の滝への熱い思いが多くの人びとに引き継がれ、現在粒栗駐車場から頂上の天然公園まで、険しいがよく整備された登山道になっている。

## 4 樹木と巨岩に覆われたかくれ滝

木曽谷には、御岳の行者が心身を清める清滝や木曽八景のひとつで広重の浮世絵にも描かれている小野の滝などよく知られた滝から、柿其や阿寺渓谷など多くの渓谷に注いでいる大小無数の滝がある。これらの滝のなかで、JR中央線と国道一九号に面しているのに人目から隠れたように存在する滝もある。

かくれ滝は、木曽郡上松町の小野の滝と木曽川を挟んでほぼ向かい合う位置にある。木曽川は滝つぼを頂点にくの字に曲がり、そこは淀みになっている。それまでの激しい流れがしばしの間ゆっくりと流れている。渡船場跡が滝つぼの下《しも》にある石仏からかろうじてわかるが、そこへ行く道跡は通る人もなく、寸断されている。渡しが盛んだったころは遭難もあったようで、筏師でさえここで遭難していると地元の人は言う。淀みの水面下は水が複雑に巻き、知る人ぞ知る危険なところなのである。

### お姫様とかくれ滝

国道一九号やJRの車窓からは、樹木の間にわずかに望むこともできるが、全面に突出した巨岩の陰にかくれてはっきりとは見えない。こうしたことから「かくれ滝」と呼ぶのかというと、そうではない。ここには滝にまつわる悲しい物語が伝えられており、その伝説から「かくれ滝」と呼ぶのである。

「かくれ滝」に伝わる悲劇を、木曽教育会が刊行する「きそ」より紹介してみる。

「むかし荻原村の部落（現上松町荻原）の人たちが、山へ冬越しの薪を切りに行っていたところ、そこへ一人の、美しいお姫様が、追っ手に追われて逃げて来た。お姫様は部落の人たちに、自分が追われてきた事情を話して、かくして頂きたいと何回も頼み、お願いしたが、村人たちは、相談をした結果、後難を恐れて、お姫様の申し出を断ってしまった。お姫様は、大事に持っていた小判をお礼にするからと言って更に頼んだが、村人たちは、その小判を取りあげて願いを聞きいれなかった。

お姫様は、仕方なく山路を逃れて、名も無い滝のほとりに隠れていた。しかし次ぎの日、追っ手に発見された。お姫様は捕まって辱めを受けるよりはと、この滝に身を投げて死んでしまった。それからこの滝を『かくれ滝』と呼ぶようになったと言う。滝の上の祠は後世姫を哀れんで祀ったものである」と、なんとも不人情、哀れな物語である。

かくれ滝

**悲しい二人の遭難**

かくれ滝付近は木曽川が湾曲しており、左岸側は砂が堆積して砂の河原となっている。瀬と瀬に囲まれた河原は子どもを連れ出して川遊びしたいと思うのに十分な広さで、ゆるやかな流れに親しみを覚える場所である。

一九八三年五月一〇日は、数日来の雨も止み、久しぶりによい天気であった。木曽ねざめ学園の当時二二歳の

川面を見つめる観音様

河西《かさい》博子先生は八人の低学年児童と連れ立っていつもの散歩コースのこの河原に来た。子どもらは久しぶりの戸外での遊びに歓声を上げ遊んでいた。対岸へ小石を投げて競い合いを始めた子がいた。やがてみんなを巻き込んで遠投の競争となった。みんな夢中で遊んでいる。「ワーイ、僕の石が一番遠くへ飛んで行ったヨー」、楽しい競いは段々とみんなを夢中にさせた。

突然の風に吹かれたビーチボールがコロコロと川面に転がっていった。ボールは川面をすべるように流れていく。それに気がついたのは日ごろから責任感の強い当時八歳の太田久寿君だった。「あっ、大変や。ボールが……」と川へざぶざぶと入っていった。折りしも、この二、三日の雨と雪解けの冷たい水で木曽川は増水していた。いつもならなんということのない流れだったが、流れに足をすくわれてしまった。太田君の様子に気がついた河西先生は自分の命を顧みず川へ飛び込んだ。泳ぎに自信のある先生だったが、服を身につけたままだったことも災いした。しかも、ふだんと違った雪解けの冷たい流れは予想を超えて複雑に渦巻き、岸から見るほど緩やかな流れではなかった。二人は思うように泳ぐことができず水に玩ばれ、川底へ引き込まれてしまった。翌日、手をつないだ二人が冷たくなって淀みの底から引き上げられた。責任感の強い若い二人の命をのみこんだかくれ滝の淀みの事故であった。

現在この場所に、河西先生と太田君が川面を見つめるように観音様が祀ってある。いまでも絶えないお供花はこの事故を風化させてはならないと思う、木曾ねざめ学園の職員らによる献花である。

## 【コラム】牙をむく川

数年前の日曜日の朝、木曽川の河口近くの尾張大橋下流に多くの漁船が集まっていた。何が起こったのかテレビを見て驚いた。シジミ採りの漁師が船から落ちて行方不明になっていた。川に慣れた漁師さえ、不意に川に落ちるとなす術もなく川にさらわれてしまうことにさらに驚いた。

船頭平閘門下流の木曽川両岸は、潮が引くと洲が現れ、多くの親子連れが休日ともなるとシジミ採りを楽しんでいる。だが毎年シジミ採りの人が深みにはまり亡くなる場所でもある。洲が途切れるあたりから急に深くなって、その深みにはまり溺れて亡くなる。とくに服を着て、長い長靴などを履いていると、水にぬれた服で思うように泳げず、さらに長靴に入った水が重石《おもし》となり、体を不安定にさせ、水泳の上手な人も泳げなくなってしまう。

オランダの川には柵がなく、子どもが四歳になると、服を着たまま子どもを水の中に入らせ水泳を教えている、と聞いたことがある。日本でも服を着たままだといかに泳げないかを体験させる小学校も増えてきているようだ。

川辺での散策や水遊びは、瀬や淵を流れる水面《みなも》の模様を眺めて、大人は過ぎ去った子どものころの川遊びを思い出し、子どもは河原の大小の石を絶好の遊び道具とし、「宝物」だとポケットに入れて持ち帰る。川は大人にも子どもにも安らぎを与えてくれるが、一瞬の油断が取り返しのつかない結果になることもある。

# 5　御料林で唯一の神社

寝覚の床から国道一九号を約七キロ北上すると、元橋で王滝川が現れる。木曽川の支流王滝川はかつては有名な渓谷であったが、ダムの建設で一部が水没した。しかし上流の氷ヶ瀬には大鹿淵、椀貸ヶ淵があって、それぞれユニークな伝説が残り、いまもなお人びとを楽しませている。

言い伝えによれば、氷ヶ瀬には二つの穴があって竜宮に通じていた。乙姫様がときどき遊びに出て来られ、住民の集まりのとき不足したお椀やお膳をそっと岩の上に揃えて貸してくれた。ところがあるとき、不手際で破損したお椀を謝りもなく黙って返すという事件があった。それ以来竜神の怒りに触れ、お椀を貸してくれなくなったという。戒めの伝説だろうが、なんとなく顔がほころぶ話である。

## 小川の上流へ

さて、赤沢美林から流れ出る小川に沿って瀬や淵にまつわる物語を見ていこう。

上松の十王橋から五キロほど川を遡ると高倉部落に着く。この部落に、平氏討伐を計画した以仁王《もちひとおう》が源頼政《よりまさ》とともに隠れ住んだという王屋敷と呼ばれる場所がある。その場所には方形の塚が残り、小社があり、その側には苔むした「亡霊供養塔」が一基建っている。明治の中ごろまで、この塚の周辺が大きくボーッと光るのが上松からも見られ、「高倉の消えずの灯」と呼ばれたという。

この地から、小川が大きく湾曲する焼笹貯木場の付近に、「まないた岩」がある。一九〇四（明治三七）年に当

まないた岩

時の御料局が両岸の岩を掘割して、大掛かりな留堰《とめぜき》を建造できるようにしたところで、河床《かしょう》の岩盤がほぼ平らに削られて、その下流に段差が付いている。見事な留堰跡である。

さらに少し小川上流に「五枚修羅」が現れてくる。ここは、花崗閃《かこうせん》緑岩《りょくがん》の巨岩が重なり合った真ん中を激流が流れ落ち、淵になっている。

この場所は、木材流送の難所であり、湾曲部に「修羅」を五枚敷設して木材を流送したと伝わっており、巨岩には木材搬出のために削られた跡がいまも残っている。

五枚修羅の上流が「牛ヶ淵」である。牛が川中で臥せっているような巨岩が淵をつくりだしている。赤沢付近の川底はほとんどが岩盤で、岩盤の上を清流が流れ、淵にはアマゴなどが生息している。水量が多いと、岩盤上を流れる激流が牛ヶ淵の巨岩を食み、壮大な景観をかたちづくる。

この牛ヶ淵から上流へ向かうと姫が淵がある。河床や側岸の岩盤を清澄な激流が食み、多くの深い淵をつくっている。そのひとつが姫が淵で、付近では最も深いが、ここには悲哀の伝説が伝わっている。

## 姫が淵の神社

源平の昔、戦いに敗れた京の高貴な姫君が、追っ手を逃れて木曽谷に入った。しかし、か弱い姫君はしだいに追い詰められ、村人に助けを求めたが後難を恐れた住民から、救いの手を受けられぬまま、高倉を越えたあたり

姫宮神社

で力尽き、清らかな小川の淵に身を投じた。後世の人びとはこの淵を姫が淵と名づけ、姫の霊を慰めるため祠を建て、これを姫宮神社と呼んだ、というものである。先述した上松の「かくれ滝」伝説と同類系統の話であり、木曽谷の落人伝説が各所で語り継がれたものだろうが、姫の霊を慰める神社まで建立されたところをみると、あながち伝説と片づけられない事実があったように思われる。

　この神社は、姫が淵の真上に架けられた橋を渡り二〇〇メートルほど入った地点で、檜づくりの鳥居の後ろに二メートル四方の祠と拝殿がある。現在の神社は、御料林当時に高倉神社にあったものを、帝室林野局が一九二一（大正一〇）年一〇月にこの麝香沢《じゃこうざわ》の地に遷宮《せんぐう》したものだという。一八八〇（明治一三）年六月二七日、明治天皇巡行の際には、勅使が訪れて参詣したと記録にある。

　姫宮神社は、木曽谷御料林内で唯一の神社であり、帝室林野局から祭祀料が下賜《かし》され、一〇月一五日の祭礼の日には、全山の労働者が神社に集まり、草相撲《くさずもう》大会など盛大な祭りが催された。いまは営林関係の人びとが中心になって祈願しているとのことで、木曽森林管理署の案内板が建てられている。

　案内板には、「今から約八〇〇年前、安徳天皇（一一七八～八五）の御代、源平の争いがあり宇治の戦いに敗れた後白河院の皇子高倉宮以仁王《もちひとおう》（一一五一～八〇）の姫君（御年一五才）は、平家の追っ手を逃れて京都から美濃を経て木曽路へ来られた。小川の里、島部落で発見されて麻畑に身を隠したが、村人は後難を恐れてかくまってはくれなかったので、西の方、高倉峠を越えてこの地に至りついに逃れるすべもなく、自らこの淵に身を投げて若い生命を絶った悲しい伝説が秘められている。この先二〇〇メートルに姫宮紳社がある」と記されている。

それにしても、源氏勢力の一角である木曽義仲が在住した木曽谷へ以仁王の姫君が逃れてきたにもかかわらず、これをかくまいきれなかった当時の事情に、源平争乱期の庶民の心情を思わざるをえない。腐敗しきった平氏とはいえ、天皇をわが意のままに操っていた力は絶大で、村人たちも平氏の追っ手を恐れたことは十分に察することができる。こうした争乱の犠牲になった一人の女性の物語が淵の名に残り、御料林で唯一の神社に祀られた非情な歴史をいまに伝えている。

## 【コラム】隠れキリシタンと笠松のデウス塚

擬似水神

一六三八（寛永一五）年ごろ、美濃の村々で二七一か村もの村にキリシタン信者がおり、可児郡内だけでも全村数の三五パーセントである三三か村もキリシタン村であったことが確認されている。御嵩《みたけ》付近では、塩村をはじめ数十の村にキリシタン信者がいたことがわかっているが、御嵩の小原村・西洞《さいと》村・謡坂《うとうざか》村にはキリシタン信者はいなかったと信じられていた。

ところが一九八一年三月、上之郷謡坂村での道路工事の際に、偶然、七御前《ななごぜん》遺跡から十字架を刻んだ小石が三点発見された。これに驚き調査した結果、小原村・西洞村・謡坂村で数多くのキリシタン遺物が発見され、これらの村にも多くのキリシタン信者がいたことが判明したのである。

御嵩町小原の木村茂美さんの家の側には、清水を湧出する深さ約三メートルの古井戸に、「水神」の碑が昔から建っていた。

一九八一年四月、木村さんは「水神さんをきれいにしてやろう」と、苔むした高さ約二八センチ、最大幅三二センチの水神をていねいに洗いだして驚いた。これまで、「水神」と思っていた文字の「水」が、f字形に変形した十字を中心に、左右から二本の長い曲がった釘が取り囲んでいた。さらに、「神」の字は、獣偏《けものへん》「犭」に「申」と掘ってあった。この文字は、「水神」に似せてあるが、まったく異なる文字であった。

数日後、さらに驚くことに、この「水神」が祀ってあった古井戸の石垣のなかから、高さ二八センチの十字架を浮かし彫りした石が見つかった。

キリシタンたちは、弾圧が強くなってきたので、この十字架を井戸の石垣のなかに隠し、井戸には偽水神を祀り、水汲みをする際に祈っていたのだろう。

## デウス塚と慰霊碑

寛文年間（一六六一〜七三）、美濃・尾張ではキリシタン弾圧が苛烈をきわめ、ほぼ毎年のように数十人の信者たちが捕らえられ、惨殺された。とくに一六六七（寛文七）年の迫害はすさまじく、一年のうちに二〇〇〇人にものぼるキリシタンが処刑されたという。美濃・尾張では、捕らえたキリシタンを漾物《ようぶつ》（水にただよう物↓どのように処理してもいい物）として藩士に与え、勝手に斬り殺させるという他藩でも例のないむごい処刑法がおこなわれた。

大臼塚跡

笠松の処刑場は木曽川橋下流右岸の藤掛（現羽島郡笠松町）にあり、処刑された人びとが埋葬された塚は、「大臼《でうす》塚」または「大宇須《でうす》塚」と呼ばれ、笠松町松枝大字長池字三つ屋の堤外地にあった。

塚の名前からは、キリシタン信者だけの塚のように連想されるが、放火などの犯罪者も葬られている。現在この塚の周辺は、パターゴルフ場になっており、多くの人びとがいまわしい過去とは無縁にゲームに興じている。

この処刑場で仕事とはいえ首切り役人として働いていた役人の子孫が、一八四四（弘化元）年一一月、処刑された人びとの御霊を祀るために「南無阿弥陀仏」と「南妙法蓮華経」の大きな石碑二基をこの場所に建てた。現在これらの石碑は、一八七九（明治一二）～八〇年ごろの堤防建設工事にともない、笠松町内のゆかりある善光寺へ移され、いまも大切に祀られている。また、首切り役人の子孫が東京へ移転する際、祖先が使用した刀を笠松町の蓮国寺に納めたが、現在それは蓮国寺の寺宝となってのこされている。

# 第10景

# これからの川と水のゆくえ

源流部の山肌から一滴《ひとしずく》の水がうまれて、小さな沢がかたちづくられ、いくつもの沢が集まり、小川となり、ひとつの川に成長していく。

沢・小川・川は、上流から下流までの各地域で住んでいる人びとにさまざまな顔を見せてくれ、自分を育んだ川に、それぞれの人が異なる想いを寄せている。

これまで、輸送路としての川、人びとにたたかいを挑んだ激流、水資源・電力開発の源としての川など、川と人びととの関わりについて見てきた。ここでは、今後私たちが川に何を期待し、川とどのように付き合っていけばいいかを考えてみたい。

# 1 やすらぎを与える川

## 音風景（サウンドスケープ）――「1／fのゆらぎ」

川原に行って耳を澄ますと、せせらぎの音は一定でなく、強くなったり弱くなったり、ゆらいでいるのに気がつく。このゆらぎの大きさとテンポはまったく不規則、無規律で、ゆっくりしたものから小刻みなものまで、さまざまなゆらぎが重なり、テンポが遅いものほど大きくゆらいでいることがわかる。

清々しい音のする川

河川工事終了後に、川の音が時の経過とともにどのように変化するか調べてみると、おもしろいことがわかる。工事直後の川辺で川の音を記録して、音の各周波数の強さ（ここでは、ゆらぎの強さと記述する）を計算すると、ゆらぎの強さは一秒間に振動する回数つまり周波数ｆのマイナス二乗（$f^{-2}$）に比例して減少する。だが、工事終了後数年経って、現場周辺に草木が生え、川に魚や水鳥が戻ってくると、不思議なことにゆらぎの強さは$f^{-2}$から減少が緩やかな$f^{-1}$に変わってくるのである。

このゆらぎは「１／ｆのゆらぎ」と呼ばれ、時間のゆらぎを空間のゆらぎに置き換えると、音だけでなく心なごむ自然の形や色合いにも、「１／ｆのゆらぎ」があることがわかっている。緑したたる自然の川のほとりは、見るもの、聞くものが、安らぎの「１／ｆのゆらぎ」をもっているようである。

草木を失った川岸で聞く水音には、ゆらぎはあっても、心なごむ「１／ｆのゆらぎ」ではない。直線と平面、固いコンクリートによる河川での人工構造物は、「見た感じ」だけでなく、「聞いた感じ」も損なっているということなのである。

自然あふれる川辺は、風景（ランドスケープ）もさわやかである。こうした視覚に訴える景観に対して、聞こえる音で心に描く風景を音風景（サウンドスケープ）と呼ぶ。

川岸を散歩すると、石や岩の多い「瀬」では水が速く流れ、水面に波が発生して、比較的大きな音がする。一方、水深が深く水がゆっくり流れる「淵」では、水面の波が少なく、あまり大きな水音はしない。このように、水が流れている場所によっても、いろいろな音階の音を聞くことができるのだ。

足元に気をつけながら川岸をゆっくり歩いてみると、いつしかこころが弾みなごむ、不思議な力が湧いてくるのに気がつく。クラシックの名曲が胎教によいといわれているが、名曲にも「１／ｆのゆらぎ」があることがわかっている。豊かな自然に包まれた川岸を歩けば、名曲を聴いたときと同じような安らぎが得られるわけである。

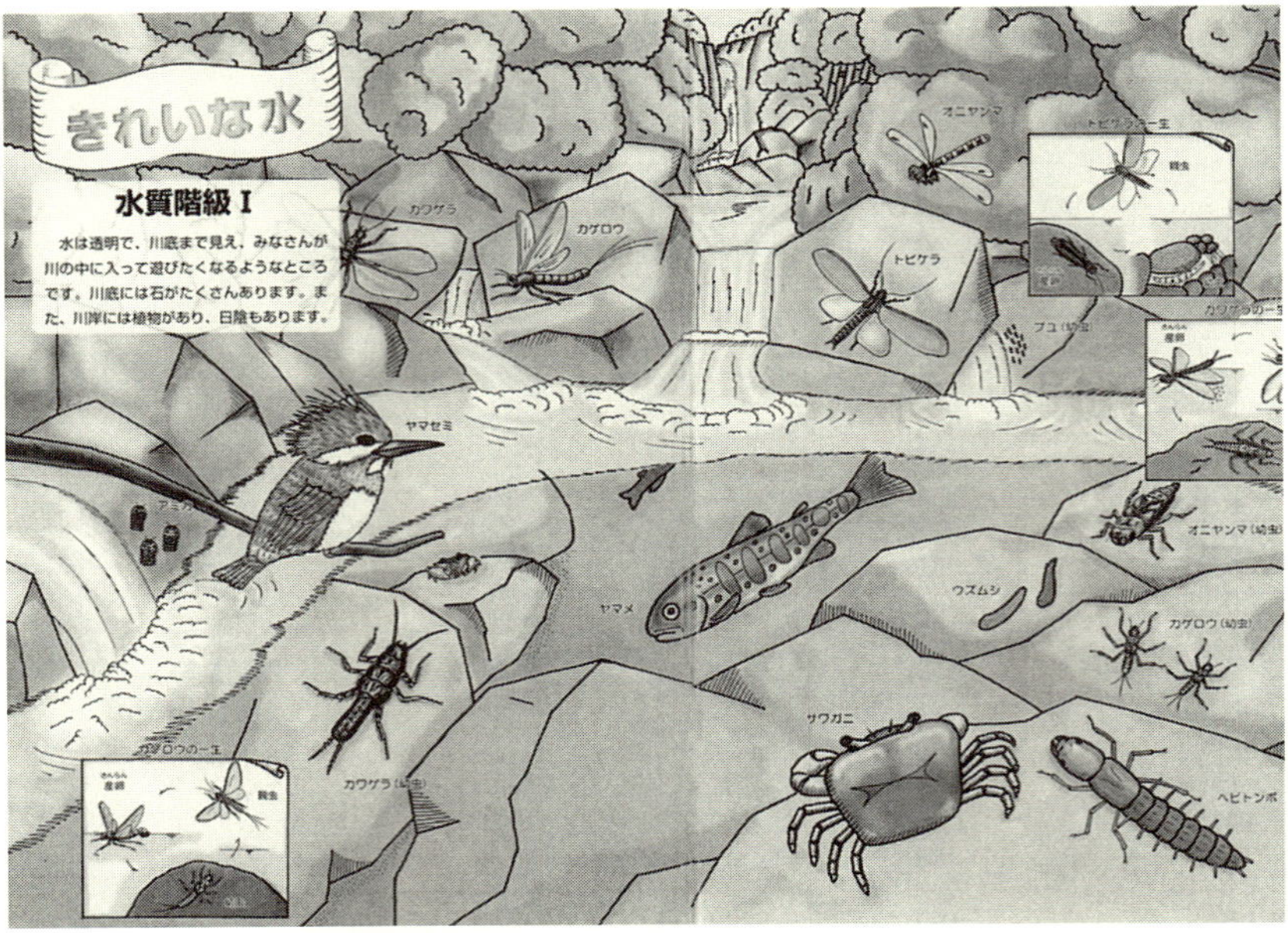

水質階級Ⅰの生物（『川と生きものを調べよう』から）

## 川をきれいに

「三尺流れれば水清し」といわれていた。「三尺」は約一メートルだから、昔は汚れた水もすぐに川の流れで浄化される、と考えていた。

「木曽街道六十九次」を歌川広重とともに描いた渓斎英泉《けいさいえいせん》は、群馬県高崎市の倉賀野宿《くらがのしゅく》の烏川乃図《からすがわのず》に、子どもたちが水遊びしているすぐそばで、お釜の底にこびり付いた煤《すす》を洗い落としている女性を描いている。村人が、小川や湧水が流れる洗い場で水を使うときには、上流側で米をとぎ、野菜を洗い、下流側で食器を洗う、暗黙のルールができあがっていた。

現代ではどうか。一人が一日に使用する水は洗濯・台所・風呂・トイレなどで風呂桶一杯半以上の約三二〇リットルなのだが、使用した水が下水道管に吸い込まれた瞬間、誰もがそのゆくえを気にかけることはないだろう。たぶんこのような生活が、「快適な近代生活」だと感じている人が多いにちがいない。

さて、水の汚れの程度を川の生物からみてみよう。

水の汚れつまり水質汚濁物質は大きく二つに分類できる。ひとつは工場から排出される重金属を含んだ排水で、水の中で分解できない無機物による汚れであり、もうひとつは水の中で分解できる有機物の汚れである。有機物の汚れは、生物原料を扱う工場からの排水や日常生活から出る家庭排水による汚れである。有機物を含んだ排水が川に入ると、バクテリアが水中に溶けている酸素を使って汚れを分解する。しかし、空気中から水に溶ける酸素量はわずかなので、水に供給される酸素量が間に合わないほど汚濁が強いと、酸欠状態となり分解が間に合わず、有機物は腐敗して卵が腐敗したような悪臭を放つ硫化水素、刺激臭の強いアンモニア、その他有害物質を発生させ、きれいな川に住む生物が姿を消してしまう。

川のきれいさの程度を判定するのに役立つ生物を指標生物という。最もきれいな水に生息する生物はカワゲラやサワガニで、少し水が汚くなるとホタルの餌になるカワニナなど、汚い水ではタニシなどになり、最も汚い川に棲むのがイトミミズやゴカイなどである。川のきれいさは四段階に分類され、指標生物は二六種類である。川が汚れるにしたがい、川に住む生物にも親しみがわかなくなり、川で水遊びをしたいとは思わなくなる。

## 2 魚のいる川

小川に小魚を見つけると、幼いころ、魚捕りに夢中になった日々が懐かしく思い出され、川面を飽くことなく眺めてしまう。

川の小魚

一九九七年に河川法が変わり、川へのこれまでの役割であった「治水と利水」に、新たに「環境」が加わった。ここで「環境」とは、魚や水鳥に自然豊かな生息環境を与え、味気ないコンクリートではなく草木が繁茂した川辺で、人びとが疲れた心を癒《いや》し、自然を楽しむ場所を川に求める、「自然環境」の創造である。

## 木曽の小魚

木曽川上流部には、渓流魚や貴重な魚たちが多数生息している。これらの魚のうち、タナビラ、アジメドジョウ、ヨシノボリについて触れよう。

①タナビラ（アマゴ）

低い堰堤が小港をつくっているかなり広い淀みで、一、二度釣竿を繰り出すと、「ググッ」と当たり、釣り上げると小判型の色鮮やかなパーマークをつけたアマゴである。「アマゴだ！」と叫ぶと、「いや、タナビラだよ、ここいらはタナビラがほとんどだから」と隣の人がいう。そういう隣人の獲物も確かにアマゴのようだが、しかし名にこだわることもない。どこの地方にも、それぞれの愛称（方言）があってよいのだ。親しみのある名はその地方の自然保護にもつながる。とくにタナビラは木曽地方独特の愛称のようである。

②アジメドジョウ

アジメドジョウとシマドジョウはよく似ている。体側のしま模様は一見しただけでは見分けがつかないほどだ。ともに清流の石間や砂地に生息している。また、生息する河川が木曽川以西の中部地方と関西の一部の渓流域に限られていたので、比較研究される機会もなかった。このため長い間同じ種として扱われていた。しかし、しだいに研究がすすみ、異種であることがわかってきた。

顕著な違いは、まず体側に見られる肋骨状の筋節数の違いである。アジメドジョウは二一〜二三、シマドジョウは一一から多くても一六である。口唇の違いもある。アジメドジョウの口唇は厚く、吸盤状になって石面に吸着することができる。また、水槽に両者を入れて比較すると、アジメドジョウは細長く、はっきりとした違いを見ることができる。

一九三九（昭和一四）年の日本動物学会で、小・中学校の教諭であった丹羽彌は、アジメドジョウがシマドジョウと異なる種であることを発表した。丹羽は教職と魚の研究一筋の生活を送ってきた。そこで、このドジョウの学名は、丹羽の姓を取り「ニワエラ・デリケータ」と命名された。「デリケータ」は「味のよい」「姿の優しい」という意味である。

③ヨシノボリ

カジカとヨシノボリは体形的にはよく似ているが、裏返してみると一目瞭然、ヨシノボリは胸ビレが左右にくっついて円形状の吸盤になっている。

ある専門書を見ると、ヨシノボリは水田と水田との間の小流に、カジカは小流には見られず大きな川に見られる、と記されている。

現在、ヨシノボリは上松町の赤沢美林から流れ出る小川が木曽川に注ぐあたりの小流に多く、カジカは小川でも本流の石間に生息し、流れの中で棲み分けをしている。

木曽川下流域右岸のワンド

## ワンドと河川景観

「ワンド」とは聞きなれない言葉だろう。これは、川の本流とつながっていながら、水制《すいせい》などに囲まれて池のようになっている場所のことである。魚など水生生物に安定した棲みかを与えるとともに、さまざまな植生が繁殖する場ともなっている。近年、河川に生物の多様性をもたらすひとつの機能として見直されており、護岸整備をする際に人工のワンドをつくるケースも多くなってきた。

また「水制」というのは、川岸から多数の杭を川の流れに直角に設置したものや、流れに直角に石を積んだT字型の突堤のようなものなど多くの種類がある。水制は、古く鎌倉時代から各河川でおもに護岸目的につくられた。明治時代に入ると、全国的に舟運を目的に、本川の深さを確保するための水制が設置された。やがてこの水制周辺に土砂が堆積し、植物が繁茂し、自然のワンドになったところが多いのである。

木曽三川では、明治改修の目的のひとつとして舟運の便を図るため、オランダの技術者によって長大水利（ケレップ水利）が設置された。「ケレップ」とは水刎ね（クリッペン）の意味で、水制の一種である。今日このケレップ水制群では、水制間に土砂が堆積し、草木が繁茂する見事なワンドが形成され、木曽川下流域に豊かな自然をつくりだしている。

このような自然を創造している動・植物の特徴をみてみよう。魚については、木曽川に生息する魚類の九割近くが下流域で生息しており、淡水産の二枚貝に卵を産みつける「幻の魚」イタセンパラが生息するなど、水制がつくりだしたワンドは魚にとって格好の棲みかとなっている。一方、植物に関しても、貴重種であるキク科の多年草フジバカマや水位が変動するところに生えるタコノアシ、葉の形が葵に似ているので命名されたミズアオイなどの貴重種も生育している。また木曽川下流域では、毎年夏鳥として四月ごろに渡来し、空中で停止飛行してから急降下して水中の小魚を捕えるコアジサシをはじめ、七六種類におよぶ野鳥が飛来している。

このケレップ水制の上で水鳥が羽を休め、釣り人がワンドに釣り糸を垂れている風景は、人の心を和ませる。こうした景観は、季節だけではなく一日の干満によっても大きく異なり、さらに夕暮れ時の風景はまるで一幅《いっぷく》の名画のようである。

### 人工ワンドと貴重種イタセンパラ

ワンドは、河川環境や自然生態系を見直すには絶好の場所であるばかりか、人の心まで慰めてくれる穏やかな場所であることがわかるが、ここでは、ワンドの環境を測るバロメーターのように大切にされているイタセンパラと人工ワンドについてみてみよう。

タナゴ類のイタセンパラは、秋に二枚貝の出水管から産卵管を差し込んでエラのようになったヒダのなかに卵を産みつける。稚魚はその二枚貝から孵化《ふか》する。木曽川・淀川水系および富山平野の水域に生存しており、一九七四年に天然記念物に指定された。

水位変化や河川工事による環境変化で二枚貝が減少・死滅すると、当然イタセン

イタセンパラ（『イタセンパラの生態』から）

起での粗朶沈床工事（「木曽川上流河川事務所」のパンフレットから）

パラは減少する。この意味で、イタセンパラの生息は河川環境を評価する重要な指標となる。

木曽川では、一九五八年に生息が確認され、一九七五年の調査では一〇地点で生息が認められた。そこで一九八一年に、一宮市加賀野井に人工ワンドをつくり、イタセンパラの産卵床となるタガイやヌマガイなどの二枚貝を放流したところ、イタセンパラの生息が確認された。二枚貝が生息できる環境が整えば、イタセンパラが戻ってくることを証明する結果となった。

愛知県尾西市起《おこし》地区は、低水路が堤防に接近した水衝部《すいしょうぶ》で、低水護岸工事が必要な場所だった。しかし、この地区周辺の砂州ではイタセンパラの生息が確認されていたので、一九九二年から九六年にかけて、低水護岸を兼ねた人工ワンド護岸を建設することになった。

本川とワンド内での生物の往来や水の循環を配慮して、ワンド護岸に開口部を設け、ワンド護岸底部には本川や地下水の疎水性《そすいせい》をよくするため、五か所に金網の中に石を詰めた蛇籠《じゃかご》で暗渠《あんきょ》を設け、水際につくられた構造物と川底との間に敷くいわばマットのような沈床として、雑木の枝などを束ねた粗朶《そだ》を用いた、明治時代に主流であった粗朶沈床（六メートル×六メートル）を敷き並べ、その上に雑石を積み上げて護岸部を設置した。さらに、魚の生息に不可欠である植生と淡水二枚貝の生息をうながすため、ワンド内部の護岸を土で被覆した。

堤防本体側には、通水性を配慮して大型連節ブロックを張り、その上に盛土をおこない、植生で覆い、魚の好む緑陰がつくってある。現在このワンドには植物が護岸法面に繁茂しており、木曽川下流域の右岸で見られるワンドの景観を再現している。

護岸整備では、洪水を防ぐためにコンクリートで堤防補強工事を施すばかりではなく、こうした自然環境の保護と連動して、どのように人間生活を守るかということが、今後の大きな課題となっている。

## 【コラム】熱血万年青年の魚大作戦

高橋辰巳は南木曽町田立に住み、現在(二〇〇三年)八四歳である。高橋は、故郷《ふるさと》の記録に「田立写真集」の発行を仲間と計画した。それ以後、各家庭の歴史を刻んだ写真の収集に奔走し、見事に故郷の歴史とともに各家庭の歴史をも記録する写真集を発刊した。

高橋が写真を集めている最中、9景3節(一三三ページ)に使用した宮川勝次郎の写真を偶然にも入手した。迷信を信じなかった宮川だが「写真をとると寿命が縮む」と、決して写真を撮らせなかった人物であった。高橋は宮川を知る人物に写真を確認してもらい、この写真が唯一、現存している宮川の写真となった。

高橋は、一九五五(昭和三〇)年から虹鱒《ます》の養殖に携わり、さらに、アマゴや岩魚《いわな》の養殖にも成功した。現在は、息子や孫が家業を継いで熱心に仕事をしており、普通なら、「ご隠居さん」と呼ばれてもおか

高橋氏の夢のドーム

しくない立場である。

ところが、彼はまだまだ大きな夢を抱いていた。

高橋専用の養殖場は、車で細い道をクネクネと走った先にある。養殖池には体長一メートル以上に成長するサケ科の「幻の魚・イトウ」が、六〇センチほどに育ち群れをなして泳いでいた。北海道のみに生息するイトウの成長はきわめて遅く、雄は生後四~六年で体長四〇センチに、雌は生後六~八年で体長六〇センチになり、ようやく産卵可能となる。養殖池のイトウもようやくこれからが産卵期である。

「もっと数を増やし、大きくなったイトウを木曽谷のダム湖に放流する」「一年に一匹でも釣り人が一メートル近くのイトウを釣ると、きっと木曽谷の観光の目玉になり、多くの人々が木曽谷を訪れる」と、長靴を履き背筋がピーンと伸びた高橋は、目を輝かせて言った。

養殖場のそばに建っている布製の丸いテントの入り口には、洪水の際に木に引っかかっていた半円形の流木に「あじめとかじかの夢のドーム」と書いてあった。中に入ると、清冽《せいれつ》な水がカジカやアジメドジョウの水槽に引き込まれ、数え切れないほど多くのかわいらしい魚が群れていた。「最初は少し苦労したが、これからはどんどん養殖で増やすことができる」と大きな夢に思いを馳《は》せ、「カジカやアジメドジョウも少なくなったので、ここで養殖して、木曽川に放流してやるのだ」と、熱っぽく語ってくれた。

一九八四年、開田村の末川に人工ふ化飼育をしたカジカを放流。その後さらにふ化技術を改良し、二〇〇二年には、約六〇〇〇匹のカジカが県立木曽養護学校の生徒たちの手で木曽福島町の八沢川に放流され、数か所で順調に成長していることが確認されている。

八四歳になっても、幼いころに水遊びをした木曽川を忘れず、魚がいっぱいいた昔のきれいな川を少しでも取り戻そうと、今日も高橋は自動車を運転して、「夢の養殖場」へ通っている。

# 3 川と海に大切な山

明治時代に、ヨハネス＝デレーケは治山が治水の要であると説いた。デレーケが天竜川の治水で知られる金原明善（一八三二〜一九二三）宅に宿泊した際、明善が樹木を伐採して山肌を茶畑にしたことを知り、激論を交わし、明善も自分の非を悟ったと、伝わっている。

しかし現在は、治水のための治山だけではなくなってきつつある。

## 貯水池を埋め尽くす流木

山に植林をして雨滴や雨水流による山肌の侵食を減らせば、山崩れなどが減少すると誰もが知っている。しかし、化石燃料の普及で薪《たきぎ》や炭などの需要が激減し、山肌をやさしく包む腐葉土をつくりだす広葉樹が減少した。一方、杉や檜などの木材価値の高い針葉樹が山を覆った。さらにこれらの山にも安価な外材の圧力が強くなり、山の管理も滞りがちになってきた。

植林後に間伐を怠ると、木はしっかりと根を張らず、地面の保水力も低く、大雨によって、地表の土砂が立木とともにすべり落ちるのである。

荒廃山地で発生する山崩れや土石流は、樹木をなぎ倒し、川へ土砂とともに樹木をも流し込む。流木は橋脚に引っかかり、橋脚上流側の水位を上昇させて破堤の危険度を増加させ、橋脚そのものを破壊する場合もある。

一九八三年九月の台風一〇号は、観測史上に残る豪雨をもたらし、丸山ダム貯水池へ最大毎秒八二〇〇立方

流木で覆われた丸山ダム（丸山ダム管理所所蔵）

メートルの流量を流入させた。この豪雨は各地に山崩れや小規模な土石流を発生させ、約三〇〇万立方メートルの土砂が貯水池に流入するとともに、流木が約八七〇〇立方メートル、これにゴミ類三七〇〇立方メートルの計一万二四〇〇立方メートルが貯水池に流入したのである。丸山ダムの貯水池全面は流木で覆われ、この流木の除去に名古屋港からロータリー船二艘をダムまで運んでいる。

この流木騒ぎから一〇年後の一九九三年七月の梅雨前線の到来の際には、再び流木四六二〇立方メートルが貯水池に流入した。

また、二〇〇〇年九月の東海豪雨の際には、矢作ダム（右岸側は岐阜県恵那郡串原村、左岸側は愛知県加茂郡旭町）の貯水池を、約三万五〇〇〇立方メートルの流木が幅約二〇〇メートル、長さ約五〇〇メートルにわたって水面を埋め尽くした。この流木は、山の斜面の土砂が沢に沿って、立ち木とともに崩れ落ちる土石流（沢抜け）が、上矢作町で八〇か所も発生したことによる。なお、貯水池に流れ込んだ土砂の量は、名古屋ドームの大きさにほぼ匹敵する一一〇万立法メートルであった。

貯水池に流れ込んだ流木は、早く除去しないと徐々に水を吸い込み、湖底に沈んで「沈木《ちんぼく》」となる。この沈木は、堆積土砂の浚渫作業に大きな支障をきたす。

### 木材を河川工事に使う

今日の環境問題は、地球温暖化問題や廃棄物問題をはじめ、大量生産・大量消費・大量廃棄を前提とした生産と消費の構造に起因して、その解決には、環境負荷の少ない持続的発展が可能な経済社会に変革していくことが不可欠であると、考えられている。

河川の分野でも河川法の改正で、「環境」に配慮した多面的な活動が期待され、環境にやさしい物品の積極的な利用が、国や公共団体に求められている。そのひとつに木材が挙げられる。

明治初期までの河川構造物の材料は、「土と木」が主流であったが、人工材料の「コンクリートや鉄」などの登場により、大量生産による材料費の低下、安全性の向上、工法の画一化・大規模化、施工機械の大型化などが進んだ。しかしその反面、地球環境に大きな負荷をかける要因ともなった。一方、木材のおもな特性は、一本ごとに強度のばらつきはあるものの、同じ重量ならば鉄よりも強く、さらに伐採後、数十年から数百年の間、強度が増加する。また、木材は腐ることが欠点のように考えられてきたが、利用目的が達成された後に、風化・腐食して自然界に還元する優れた材料でもある。

近年、河川・砂防事業において木材などを積極的に用いる工法が取り入れられはじめた。この新しい工法で、コンクリートなどが剥き出しのままの味気ない川づくりではなく、昔懐かしい川辺を再現した「多自然型川づくり」などが進められている。

現代は地域の開発や発展に個性と特徴が求められていて、各地域で先人が育んだ河川工事の伝統工法が、その歴史や文化的価値とともに、河川の特性を活かしたものとして見直されてきている。これらの伝統工法には木材を用いた多くの工法がある。

わが国は国土面積の約六七パーセントが森林で構成されており、世界でも有数の森林大国である。古来から木材は、燃料や土木材料として利用されてきたが、いわゆるエネルギー革命に加えて安価な外材の供給量の増加にともない木材価格の下落が始まった。

このような状況のなかで、森林整備を放置、放棄している場合も多く見られる。そのような森林では森林の持

京都府丹後町三山地内の宇川右支川に設けられた木製堰堤
（加藤真雄氏提供）

つ多面的機能が充分には発揮されていない。健全な森林があることは、地球温暖化の防止、ひいては地球規模での気候システムの安定化にもつながり、懸念される海面上昇や洪水の増加を抑制して河川・砂防事業へも多大な貢献をする。

山林を豊かにし、さらに山林で働く人びとを元気づけるには、植林後の間伐材（小径木）の利用方法を考えることである。

間伐とは、植林された木が込み合って成長が妨げられないように、適当な間隔でその一部を伐採することで、苗木を密植する人工林ではとくに必要性が高い。適切な森林管理につながる間伐の実施は、森林土壌の流出を防ぎ、洪水のときの流出抑制や土砂災害防止につながると期待される。

間伐材の使用は、これまで鉛筆、矢羽模様などの集成材、さらに小規模な木工品や四阿《あずまや》建築などがおもなものであったが、近年では間伐材を使用した漁礁も設置され、さらに、多量の間伐材の使用先として、河川工事や砂防工事に使用する気運が起こってきた。とくに木材は、コンクリートなどに比べて二酸化炭素の排出量が少なく、環境への負荷が小さいという特徴がある。

## 海を生き返らせる植林

牡蠣《かき》の原始的な養殖はすでにローマ時代に存在したといわれる。日本では一七〇〇年代に広島の「ひび（海中にたてた小枝）」に付着した牡蠣を養殖したのが始まりといわれている。現在おこなわれている、筏の下に連《れん》でつるす方法は、大正時代（一九一二〜二六）に開発されたものである。

一九八九年、宮城県気仙沼《けせんぬま》の牡蠣養殖業者たちが、気仙沼に注ぐ大川の水源地・室根山に登った。大漁旗を翻し、村有林の室根山に広葉樹を植林した。それ以後、ブナ、クヌギ、栗などをいままでに約三万本植え、その地を「カキの森」と命名した。この活動は現在も続けられ、さらに全国に知られることとなった。

なぜ、海の漁師が山に広葉樹を植林するのか。

広葉樹の落ち葉は微生物で分解され、腐葉土となる過程で、フルボ酸鉄という栄養素を生成し、この栄養素は川を通って海に注ぎ込む。この栄養素は植物性プランクトンに吸収されやすく、湾内の窒素やリンなどの栄養塩と結びつき、植物性プランクトンや藻類を増殖させる働きがある。さらに、豊富な植物性プランクトンは牡蠣・帆立貝・アサリ・シジミ等の二枚貝を元気に成長させる。

一九七五年ごろには、気仙沼にプランクトンによる赤潮がたびたび発生した。赤潮で血の色に似た牡蠣の身は「血ガキ」と呼ばれ、すべて廃棄処分された。さらに漁師たちは、幼いころに湾内に豊富にいた小魚が、最近、めっきり少なくなったことに気がついた。

漁師たちは、「牡蠣の収穫を増やす」ためではなく「昔のような健康な海を取り戻す」ためには、まず、川の源流部の山自体を昔の雑木が多かった状態に復元する必要があることに気づいたのである。広葉樹の植林を始めてから、徐々に湾内にも小魚が増えだし、牡蠣も順調に成育するようになった。

戦後、森の荒廃や洗剤や農薬などの化学物質の川への流入が、海を汚しただけでなく、海を枯れさせたのである。これからの私たちは、山から海までを一体として考え、「自然の回復」に目を向け、「回復を手助け」する時代であることを、強く認識する必要がある。

## これからの川への想い

「水系一貫」という、言葉がある。つまり、ある水系の最上流部から河口部までをひとつとしてとらえ、上流から下流への流量や土砂量を、その水系全体で維持・管理する思想である。

だが、上流域と下流域とは、たんに川で結ばれているだけではない。それぞれの地域に生活している人びとの風習・習慣も川との関わりの上でかたちづくられてきたのである。上流から河口部までの私たちの川を、その地域ごとの個性・特徴あるいは風習・習慣を受け継いだ川として、自信をもって将来に残せるのか。地域で、人びとの暮らしがどのように川と関わってきたかを理解することが、その第一歩となるだろう。

木曽福島町の崖屋つくりの家屋

たとえば洪水を例に挙げてみよう。上・中・下流域では、その様相が相当に異なる。上流域の川沿いの低い河岸段丘上の村々は、巨石同士のぶつかる音が「ゴロゴロ」と稲光の音のように川から聞こえ、川の増水と山肌からの土石流発生とに恐怖の時間を経験する。中流域では、豪雨によって山肌に接した国道などが交通停止になり、いったん土石流が発生すると、国道が閉ざされて陸の孤島になる。さらに、洪水によって流下した土砂がダム貯水池に堆積し、ダム下流部の河床が低下して、用水路の取水口や橋脚を支える土台が浮き上がり、使用不可能となる。下流域では、土砂の堆積で河川が天井川となり、各支川から集まった濁流が堤防を越えて堤内地を浸水すると、広大な土地が水浸しになり、膨大な財産が失われる。

下流域では、本川に流入してくる多くの支川で、過去の負の遺産を受け継いできた地域もある。いまでも、「あそこが浸水したから、ここが助かった」と、まるで「輪中根性」丸出しの言葉が聞かれることがある。また、本川では、堤内地の土地不足のため、堤外地の高水敷がテニスやソフトボールなどの「運動場」と化している。いったん洪水が発生したのちには、これら「運動場」にヘドロが堆積し、その掃除におおくの時間と費用が費やされる。

人びとの生活・活動領域は、上・中・下流域で、おおきく地形条件に支配され、また地域ごとに人びとが川から受けてきた恩恵や怨念などの歴史などもおおきく異なっている。これらの違いを上・中・下流域の人びとは互いに認識して、その地域ごとの川との「付き合いかた」を「官と民」一体となって考える必要があるだろう。たとえば上・中流域では、森林の保水能力を高めるための植林の維持・管理を、山で働く人びとをどのように元気づけておこなうか、さらに土砂災害を防止する砂防堰堤などの建設と自然景観との調和をどう位置づけるか、官と民による、これからの多くの議論や提案が待たれる。また、俚諺をたんに昔の言い伝えと考えず、「貴重な先人からの伝言」と理解し、災害を少しでも減らす努力が必要である。

改正された河川法は、「住民との対話」を強調している。「私たちの川」という意識をもって、災害防止や景観整備にかかわる話し合いに、「地域エゴ」ではなく、どのような川を子孫に残すのか考えて、今後、いっそう住民が「今後の川づくり」に参加することが望まれる。お年寄りから、「子どものころに、泳いだり魚を取った川が懐かしい。孫が少々ケガをしてもいいから、昔の『自然』な川にしてほしい」という声を聞く。

「河川と河川空間」は住民すべての共有物であり、一地域のものではない。しかしまた、いったん発生した災害はほぼ一地域に限定される。この相反する事実を真摯《しんし》に受けとめて、それぞれの地域の人びとが一堂に会して、水系全体のあるべき姿として、地域の「子孫に自信をもって残せる、理想とする川」について、話し合う時代になってきている。

## 【コラム】五〇歳を超えてから植林開始

苗木を植林して、利用できる大きさに樹木を育てるには、気の遠くなるほどの年月を要する。

金原明善は、「山を治めるには植林が重要であり、植林は治水の根源である」と、強い信念を持ち、瀬尻（長野県磐田郡龍山村）での植林を計画した。

「人生わずか五〇年」と考えられていた時代に、この遠大な計画を企てた金原はすでに五〇歳を過ぎており、この雄大な志を理解できない人びとは、「何歳まで生きるつもりか？」「おかしくなったのではないか？」などと、陰口をたたいた。

瀬尻森林内の明善の碑

五九歳の明善は、御料林に組み入れられた瀬尻官林への植林を開始した。この植林は、計画より三年も早く、杉二七一万本以上、檜四三万本以上を植えつけた。さらに金原は、瀬尻付近の山々を購入し、のちに、約一三四〇ヘクタールのこれらの山は金原林と命名された。この広大な金原林に杉と檜合計約三九二万本の植林を完了して、一九〇四年、疎水財団（現金原治山治水財団）にすべてを寄付している。なお、疎水財団は、一九三八年に「財団法人金原治山治水財団」と改められ、今日に至っている。

明善は大きな足跡を残して一九二三（大正一二）年一月に亡くなったが、この雄大な植栽事業によって、瀬尻付近の山々は現在豊かに樹木が茂り、水源涵養や山崩れ防止等に大きな働きをしている。さらに、青々とした山々が都会生活に疲れた人びとの心を癒してくれるところとなっている。

# 参考文献

## 公的発行資料

『上松の石造文化財（上松町誌 別編）』上松町文化財審議委員会編、上松町教育委員会、一九八三年
『イタセンパラの生態――木曽川を中心として』建設省中部地方建設局木曽川上流工事事務所、一九八六年
『大桑村の絵馬』大桑村教育委員会編、大桑村教育委員会、二〇〇〇年
『尾張大橋工事概要』愛知県、一九三三年
『開田村の石造文化財』開田村石造文化財調査委員会編、開田村教育委員会、一九九三年
『木曽――歴史と民俗を訪ねて』木曽教育会郷土館委員会編、一九六八年
『川の生きものを調べよう』環境庁水質保全局・建設省河川局編、河川環境管理財団、二〇〇〇年
『木曽三川流域誌』木曽三川流域誌編集委員会／中部建設協会編、建設省中部地方建設局、一九九二年
『木曽南部直轄砂防事業二〇年史』建設省中部地方建設局多治見工事事務所監修、一九九九年
『木祖村の石造文化財』木祖村文化財調査委員会編、木祖村教育委員会、一九八五年
『警察署直轄　渡船場・乗客船・荷船取調書』岐阜警察署常務課編、岐阜県立図書館所蔵、一八八一年
『水力発電のすすめ』通商産業省水力課編、民主生活社、一九八三年
『船頭平閘門改築記念誌』河川環境管理財団名古屋事務所編、建設省中部地方建設局木曽川下流工事事務所、一九九六年
『津島・尾張西部（愛知県史民俗調査報告書４）』愛知県史編さん専門委員会民俗部会編、愛知県総務部県史編さん室、二〇〇一年
『デ・レーケとその業績』建設省中部地方建設局木曽川下流工事事務所編、一九八七年
『長野県土地改良史　第二巻』長野県土地改良史編集委員会編、長野県土地改良事業団体連合会、一九九九年
『南木曽町の石造文化財』南木曽町教育委員会編、南木曽町教育委員会一九八九年
『南木曽の歴史（歴史資料館展示図録）』南木曽町博物館編、南木曽町博物館、一九九六年
『錦織綱場――木曽川筏流送の歴史』各務賢治編、八百津

町教育委員会、一九七九年
『村の石造り文化』木祖村教育委員会編、木祖教育委員会、一九八五年
『桃介橋修復・復元工事　報告書』南木曽教育委員会、南木曽町、一九九四年

## 町村史

『恵那郡史』恵那郡教育會編、一九二六年
『川辺町史（通史編）』川辺町史編さん室編、一九九六年
『佐屋町史（史料編3）』佐屋町史編集委員会編、一九八三年
『新修 大垣市史』大垣市編、一九六八年
『新修 関市史（史料編 近代・現代）』関市教育委員会編、一九九七年
『田立村史』田立村史編集委員会編、一九五四年
『長島町誌（上）』伊藤重信、長島町教育委員会、一九七四年
『長島町誌（下）』伊藤重信、長島町教育委員会、一九七八年
『南木曽町誌』南木曽町誌編さん委員会編、一九八二年
『御嵩町史（通史編）』御嵩町史編さん室編、一九九二年
『八百津町史』八百津町史編纂委員会編、一九七二年
『弥富町誌』弥富町誌編集委員会編、一九九四年

## 一般的図書と雑誌

『筏』日本いかだ史研究会、一九七九年
『恵那峡物語』西尾保、ニシオ企画、一九八六年
『大桑村の歴史と民話』志波英夫、志波克己、一九七八年
『海蔵寺と薩摩義士』海蔵寺編、海蔵寺、一九九七年
『変わりゆく日本の山林』高田浩一、都市文化社、一九九九年
『木曽馬とともに』伊藤正起、開田村木曽馬保存会、一九九六年
『木曽川開発の歴史』関西電力東海支社編、関西電力東海支社、一九八七年
『木曽川の香り』藤原長司、銀河書房、一九七九年
『木曽川を歩く――その自然と歴史を訪ねて』中山雅麗、私家版、一九九三年
『木曽三川治水秘史――薩摩義士報恩記』伊藤光好、尚文社ジャパン、一九九六年
『木曽谷の歴史』平田利夫、林土連研究社、一九九九年
『木曽谷の桃助橋』鈴木静夫、ＮＴＴ出版、一九九四年

『木曽八景（ふるさと叢書①考証）』しょうわ書房編、二〇〇一年
『木曽馬籠（改訂版）』菊池重三郎、中央公論美術出版、一九七七年
『木曽義仲』田屋久男、アルファゼネレーション、一九九一年
『岐阜県に生きた人々』吉岡勲、大衆書房、一九六〇年
『ぎふ二〇世紀の記録』岐阜新聞社、二〇〇〇年
『源流村長』日野文平、銀河書房、一九八九年
『古丹別開基一〇〇周年記念誌』記念誌編集委員会編、古丹別開基本一〇〇周年　記念事業実行委員会、一九九五年
『この道この人』岐阜県小中学校長会編
『子供たちと学ぶ妻籠城』笹本正治、南木曽町博物館、一九九七年
『佐屋路――歴史散歩』日下英之、七賢出版、一九九四年
『三色桃の花峠』茂吉雅典、文芸社、二〇〇二年
『山村蘇門』井口利夫、木曽福島教育委員会、一九九九年
『写真集 思い出の木曽森林鉄道――山の暮らしを支えた六〇年』郷土出版社、一九九八年
『新・東海道五十三次――平成から江戸を見る』宮川重信、東洋出版、二〇〇〇年
『じゃぬけ――伊勢小屋沢その後の四五年』南木曽町建設住宅課、南木曽町、一九九九年
『水土を拓いた人びと――北海道から沖縄までわがふるさとの先達』「水土を拓いた人びと」編集委員会／農業土木学会編、農村漁村文化協会、一九九九年
『図説 逢左風土誌――名古屋三百五十年の歩み』杉浦栄三編者代表、中部日本新聞社、一九五八年
『図説 木曽の歴史』生駒勘七／神村透／小松芳郎、郷土出版社、一九八二年
『図説 中津川・恵那の歴史』土井裕夫、郷土出版社、一九八五年
『創意に生きる――中京財界史』城山三郎、文藝春秋、一九九四年
『中部電力物語』名古屋タイムズ社編、名古屋タイムズ社、一九七五年
『中部地方電気事業史』中部電気事業史編纂委員会編、中部電力、一九九五年
『津島祭』樋田豊監修、愛知県津島市明神町津島神社事務所、一九七一年
『日本電力業の発展と松永安左衛門』橘川武郎、名古屋大学出版会、一九九五年

『日本の美林』井原俊一、岩波新書、一九九七年
『信長の中濃作戦——可児・加茂の人々』梅田薫、美濃文化財研究会、一九九五年
『母なる川——木曽・長良・揖斐』朝日新聞社名古屋社会部編、郷土出版社、一九八七年
『飛騨川——流域の文化と電力』中部電力編、中部電力、一九七九年
『「七里の渡し」考』（文化財叢書第六〇号）、野田千平、名古屋市教育委員会、一九七三年
『ふるさと中津川』牧野金寿編、中津川市役所、一九七一年
『山と水に生きる——濃飛古老の聞き書き』岐阜県立図書館編、岐阜県図書館、一九七〇年
『ゆらぎの世界——自然界の1／fゆらぎの不思議』武者利光、講談社ブルーバックス、一九九五年
「中農用水」（「こぼたち」第二三三号、岐阜児童文学研究会編、一九九二年）
「獣害史最大の惨劇——苫前羆事件」木村盛武（「ヒグマ」第一〇号 別冊、一九八〇年）
「山の木が魚の住みかに」安渓遊地ほか（「生命の島——屋久島の自然と人の暮らしを伝える」第五三号、屋久島山水会、二〇〇〇年）
「蘭人技師デレーケと砂防」伊藤安男（「砂防と治水」第三号、一九八〇年）
「忘れられた森林鉄道の橋」太田哲司（「橋梁と基礎」一九九六年一月号）

## 少し専門的な図書と論文

『木曽川改修工事概要』内務省名古屋土木出張所、一九一一年
『木曽川用水史』木曽川用水史編さん委員会、水資源開発公団、一九八八年
『岐阜県災異誌』岐阜地方気象台編、岐阜地方気象台、一九六五年
『岐阜県災害史』早野博之編、岐阜県、一九九八年
『国道一号線尾張大橋工事概要』愛知県、一九三三年
『荘園史の研究（上巻）』西岡虎之助、岩波書店、一九五三年
『新編 日本被害地震総覧』宇佐見龍夫、東京大学出版会、一九八七年
『せせらぎ水路の視聴覚複合刺激に対する評価と音の物理特性』独立行政法人農業工学研究所平成七年度研究成果情報、一九九五年

『土砂の生産・水の流出と森林の影響』竹下敬司ほか、砂防学講座第二巻、山海堂、一九九三年
「伊勢湾台風と浄土三昧墓地の不思議」片野知二（「薩摩義士」第三号、鹿児島県薩摩義士顕彰会、一九九六年）
「大臼塚の処刑囚に就いて」平塚正雄（「郷土史壇」第三巻第四号、一信社出版部、一九三五年）
「木曽・上松の『鬼淵鉄橋』と産業遺産」中部産業遺産研究会主催（シンポジウム「日本の技術史を見る目」第一六回、一九九七年）
「木曽『開田村』」竹内淳彦（「地理」第一八巻一号、一九七三年）
「木曽川大橋新設工事概況」佐々木銑（「土木学会誌」第一九巻五号、一九三三年）
「渓流魚道の流水音環境」久保田哲也（「砂防学会誌」第五一巻六号、一九九九年）
「せせらぎの音を科学する」山本徳司／筒井義富（「農工研ニュース」九号、独立行政法人農業工学研究所、一九九五年）
「デレーケと大崖砂防ダム」掘内成郎／杉本良作／中村稔（「砂防と治水」第一二七号、一九九八年）
「中山道木曽路の谷から幻の砂防堰堤現る！——南木曽町妻籠宿に近い男垂川」松下忠洋／早川康明／牧野良三（「砂防と治水」第三八号、一九八二年）
「軟弱地盤に建設せられたる橋脚橋台の構造と竣工後二五年間の経過に就きて」邦波光雄（「土木学会誌」第七巻一号、一九二一年）
「水と陸とのつながり」松永勝彦（「水環境学会誌」第二六巻一〇号、二〇〇三年）

# おわりに

研究会がはじまってしばらくしてから、会のめざす方向性が決まってきた。それは、「いま記録しておかなければ歴史に埋もれてしまう話を掘り起こすこと」である。

さっそく、下流域の古老の人びとに集まっていただき、一九四四（昭和一九）年一二月に発生した東南海地震や、一か月後の一九四五年一月に発生した三河地震、さらに、一九五九年九月に甚大な被害を及ぼした伊勢湾台風の際に、人びとがどのように水とたたかったのか、などについて、何度も話をうかがった。また、南木曽の古老からは、戦時中の「発電所の銘板」供出の話や木曽川の石が遠く北海道旭川の神社の鳥居になっている話などを聞かせていただいた。

このような活動ののちに会員は、それぞれ手分けして木曽川の最上流部から河口まで、各自が興味を抱いた物語を調べはじめた。たとえば、旭川の神社へは二度訪れ、宮司さんや関係者から話を聞いた。寝覚の床の臨川寺の和尚さんには、「象岩」の写真を見せていただいたりした。会員たちは、その地をすみからすみまで調べつくすほど、何度も訪れた。やがて、調べたメモ、写真、ビデオ記録、さらに断片的な文章が増え、いままで知らなかった木曽川の姿が鮮明になってきた。三年前、これらの資料をどのように有効利用するかの話し合っているうちに、「資料を整理して出版すれば、多くの人びとが『これからの川との付き合い方』を考える手助けになる」と、非才をも省みず大きな目標を立てた。

しかし、会員はわずか七名である。三名は大学で専門の論文を書いているとはいえ、なるべく専門用語を使用せずに一般読者に向けて文章を書く難しさを痛感した。さらに元財団職員、小学校の教諭、町役場職員、家庭の主婦にとっては、限られた時間のなかでの執筆となった。それでも、メンバー以外に、松本在住の中平晃先生、上石津町郷土資料館館長の辻下栄一氏、立田村の野呂界雄元住職、さらに古賀正輔工学博士から原稿をいただくことができた。

しかし、それからが大変であった。すべての原稿がひとまず私の手元に集まったものの、皆の原稿をならべ、ひとつのストーリーをつくるのは、まるでジグソーパズルのようだった。「せっかく調べて書いていただいた部分を削りたくない」「でもこの部分は本筋と関係ない」など、この一年間、頭を悩ませつづけることになった。最終的に、下書き原稿の三割近くも削除せざるをえなかった。

＊

本にまとめるまでには、たとえば木祖村で田植えの最中にわざわざ車で追っかけて来てくれ、「これを食べなさい」とホウバの葉で包んだ寿司をくださった主婦の方や、山肌に沿った用水路のトンネルで子どものころに遊んだ話をしてくれたお年寄り、さらに地元の人さえ知らない地名を親切に教えてくれた郵便配達員など、名前を聞き忘れた多くの人びとの親切な案内や助言に助けられました。

これら多くの人びとにお礼を述べるとともに、この調査が河川整備基金の援助金でおこなわれたことを記し、感謝の念の一端を表します。

なお、風媒社の林桂吾さんには、貴重な助言を多々いただき、ようやく出版にこぎつけました。ここに、心からお礼を申し上げます。

三月吉日　庭に咲いた三色桃を見つつ

木曽川文化研究会　代表　久保田稔

**[木曽川文化研究会会員]**

久保田　稔〔代表〕（大同工業大学工学部都市環境デザイン学科教員、工学博士）

中村義秋〔事務局長〕（元財団法人河川環境管理財団職員）

板垣　博（岐阜大学農学部生物資源学科教官、農学博士）

北川　麗（主婦、岐阜県各務原市在住）

田鶴浦　昭典（多度町立多度南小学校教諭）

諸戸　靖（長島町立輪中の郷主査）

茂吉雅典（大同工業大学情報学部情報学科教員、工学博士）

**[装画・本文イラスト]**

山城 睦（静岡県立浜松工業高校土木工学科教員）

**[執筆協力]**

古賀正輔（ESリサーチオフィス、工学博士）

辻下栄一（上石津町郷土資料館館長）

中平　晃（元教諭、松本市在住）

野呂界雄（元安泉寺住職）

**[ご協力いただいた機関]**

上松町教育委員会

鬼淵の鉄橋を残す会　尾崎文雄

大桑村歴史民俗資料館

木祖村公民館館長　深沢文雄

大滝村役場

開田村役場

笠松歴史民族資料館

関西電力東海支社

木曽川文庫　江上京子

木曽山林高校

多治見砂防国道事務所

長野日報社木曽支局

南木曽町博物館

南木曽町役場

尾西市歴史民俗資料館

丸山ダム管理所

みたけ館

矢作ダム管理所

**木曽川は語る――川と人の関係史**

2004年4月8日　第1刷発行　　（定価はカバーに表示してあります）

著　者　　木曽川文化研究会
発行者　　稲垣喜代志

発行所　名古屋市中区上前津 2-9-14　久野ビル
振替 00880-5-5616 電話 052-331-0008
http://www.fubaisha.com/
風媒社

乱丁・落丁本はお取り替えいたします。
ISBN4-8331-0524-1

＊印刷・製本／モリモト印刷
＊装幀／夫馬デザイン事務所

樋口敬二監修
**人物で語る**
**東海の昭和文化史**
1942円＋税
愛知・岐阜・三重の出身者、この地方を活躍の舞台とした155人の人物にスポットを当て、東海地方の文化に果たした役割とその人生とを知られざるエピソードでつづった新発見・再発掘の昭和史。江戸川乱歩からイチローまで多彩。

日下英之
**熱田 歴史散歩**
1700円＋税
2000年のロマンが息づく町――熱田。古代から戦国時代をへて江戸へ。悠久の歴史が織りなしているさまざまな町の表情を訪ねて、伝承や俗説が育まれた舞台を歩く。豊富な資料を読み込んで、熱田の風景を立体的に浮びあがらせる。

矢崎 進 写真・文
**四季のファンタジー**
**海上の森**
1340円＋税
シデコブシ、ギフチョウ、オオタカ……絶滅に瀕するこれらの生物が棲む自然の楽園・海上の森。森の美しさに魅せられた医師が四季それぞれの装いを丹念に記録した、21世紀に伝える大切なメッセージ。

奈良大学文学部世界遺産コース編
**世界遺産と都市**
2400円＋税
アテネ、ローマからイスタンブール、エルサレム。そしてアジアの西安、ソウル、奈良、京都……。人類の歴史とともに繁栄し、その痕跡を今に留める世界遺産都市を、新たな学問「世界遺産学」の視点から解き直す。「世界遺産学事始め」。

浅田 隆・和田博文編
**文学でたどる**
**世界遺産・奈良**
2200円＋税
芥川龍之介、志賀直哉、田山花袋、和辻哲郎、司馬遼太郎……。近代文学の作家たちが、その作品中に描き出した古都・奈良の姿。東大寺、興福寺、薬師寺等、世界遺産に登録された九つの社寺の魅力を文学作品から読み解く。

森 勇一編
**フィールドサイエンス**
**地球のふしぎ探検**
1600円＋税
ビル街の化石探しから海や川の奇岩化石まで、愛知・岐阜・三重の30コースを選定。地層や化石・鉱物との楽しいふれ合いを通して、地球がたどった歴史を探るビジュアルサイエンスガイド。豊富な写真と詳しい地図・交通案内つき。

矢作川漁協100年史編集委員会
**環境漁協宣言**
●矢作川漁協100年史
3800円＋税

漁業協同組合の歩みと、近代化の過程で破壊された川の生態系や川とともにあった人々の暮らしをたどりながら、これまで省みられなかった河川史を再構築する。日本ではじめて描かれた河川漁協の100年史。

近藤紀巳
**東海の名水・わき水 やすらぎ紀行**
1500円＋税

絶大な好評を博した「名水・わき水ガイド」の続編刊行！　愛知・岐阜・三重・長野エリアから、清らかにして、心洗われる名水・湧水を訪ねる。旅情を味わい、感動を訪ねる、ゆとりのガイドブック。オールカラー版。

近藤紀巳
**東海の名水・わき水 さわやか紀行**
1500円＋税

山にわき出る清水に出会い、大自然の恵みを味わい、名水と誉れ高い泉を訪ねて清らかさに心打たれる…。土地の人々に愛され使われ続けている清水・わき水・名水を歩き、土地の味覚と美しき風景を紹介するガイドブック。

近藤紀巳
**東海の100滝紀行【I】**
1500円＋税

東海地方の知られざる滝の銘渓を訪ねる感動のガイドブック。愛知・岐阜・飛騨・三重・長野・福井エリアから選び出された清冽な風景を主役に、周辺のお楽しみ情報をたっぷり収録し、小さな旅へと読者を誘う。カラー写真多数。

自然学総合研究所／地域自然科学研究所 編
**東海　花の湿原紀行**
1500円＋税

愛知・岐阜・三重エリアの湿原を探訪、四季に咲く花々と生息する生き物をていねいに解説。東海エリアの湿原の爽やかな魅力と豊穣な自然の貴重さをオールカラーで紹介する初めてのガイドブック。

海の博物館　石原義剛
**伊勢湾**
●海の祭と港の歴史を歩く
1505円＋税

神話と伝説の海・伊勢湾。大王崎灯台から伊良湖岬までの海岸線を歩いてまとめた、港と海の文化遺産のガイドブック。今も残るさまざまな祭りと伝統行事を網羅し、豊かな海の再生と人間と海との新しい関係づくりを願う。